科普热点

人机争霸

——计算机与网络

黄明哲 主编

中国科学技术出版社

·北京·

图书在版编目(CIP)数据

人机争霸：计算机与网络/黄明哲主编.－－北京：中国科学技术出版社，2014.8（2019.9重印）

（科普热点）

ISBN 978-7-5046-5746-6

Ⅰ.①人…Ⅱ.①黄…Ⅲ.①计算机网络－普及读物

Ⅳ.①TP393-49

中国版本图书馆CIP数据核字（2011）第005505号

中国科学技术出版社出版

北京市海淀区中关村南大街16号　邮政编码：100081

电话：010-62173865　传真：010-62173081

http://www.cspbooks.com.cn

中国科学技术出版社有限公司发行部发行

莱芜市凤城印务有限公司印刷

*

开本：700毫米×1000毫米　1/16　印张：10　字数：200千字

2014年8月第1版　2019年9月第3次印刷

ISBN 978-7-5046-5746-6/TP·376

印数：10001—30000册　定价：29.90元

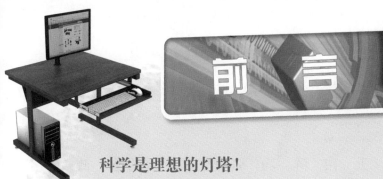

前 言

科学是理想的灯塔！

她是好奇的孩子，飞上了月亮，又飞向火星；观测了银河，还要观测宇宙的边际。

她是智慧的母亲，挺身抗击灾害，究极天地自然，检测地震海啸，防患于未然。

她是伟大的造梦师，在大银幕上排山倒海、星际大战，让古老的魔杖幻化耀眼的光芒……

科学助推心智的成长！

电脑延伸大脑，网络提升生活，人类正走向虚拟生存。

进化路漫漫，基因中微小的差异，化作生命形态的千差万别，我们都是幸运儿。

穿越时空，科学使木乃伊说出了千年前的故事，寻找恐龙的后裔，复原珍贵的文物，重现失落的文明。

科学与人文联手，人类变得更加睿智，与自然和谐，走向可持续发展……

《科普热点》丛书全面展示宇宙、航天、网络、影视、基因、考古等最新科技进展，邀您驶入实现理想的快车道，畅享心智成长的科学之旅！

作 者

2012年3月

《科普热点》丛书编委会

目 录

第一篇　电脑小百科 ·· 1

电脑——人类创造的奇迹·· 2

电脑"进化"史··· 6

什么是硬件··· 10

电脑的灵魂——软件··· 14

电脑为何越用越慢··· 18

电脑也绿色··· 22

小心有毒！··· 26

不防火的"防火墙"··· 30

电脑辐射知多少··· 34

Windows 7——最受欢迎的系统软件······························· 38

电脑死机谁的错··· 42

CPU大战··· 46

第二篇　网络通天下 ·· 49

什么是电脑网络··· 50

电脑网络的类型及分类··· 54

电脑网络的功能··· 58

局域网与因特网的区别··· 62

黑客的真实面目··· 66

从有线宽带到3G上网··· 70

3G上网，如何节约小钱包··· 74

网络引发的教育革命··· 78

可视电话，天涯咫尺 …………………………………… 82

宅人与网购 ……………………………………………… 86

信息战，不战而屈人之兵 ……………………………… 90

人肉搜索，一种新情况 ………………………………… 94

云计算，集智慧之大成 ………………………………… 98

第三篇　多媒体生活 …………………………………… 101

电脑也可多媒体 ………………………………………… 102

虚拟现实数字地球 ……………………………………… 106

网络游戏，网罗天下 …………………………………… 110

电脑游戏，老少咸宜 …………………………………… 114

通信软件，生活伴侣 …………………………………… 118

高清视频对电脑有何要求 ……………………………… 122

电脑能听懂人说话了！？ ……………………………… 126

"惊天动地"话3D ……………………………………… 130

第四篇　未来计算机 …………………………………… 135

纳米计算机：新世纪的计算机 ………………………… 136

生物计算机：仿生学下的计算机变革 ………………… 140

"后信息时代"——光计算机 ………………………… 144

量子计算机，化身千万亿 ……………………………… 148

人机交互，天人合一 …………………………………… 152

第一篇
电脑小百科

电脑
——人类创造的奇迹

电脑的发展折射出人类高科技突飞猛进的壮观图景。大约30年前，电脑还是那个摆放在空调无尘房间里的娇贵仪器，而今天，电脑已经普及到千家万户，和大多数人的生活息息相关。

电脑在我们的工作、学习和生活中扮演了一个不可或缺的角色

"ENIAC"不是世界上第一台电子计算机?! 1997年10月21日，英国伦敦帝国战争博物馆举办了一个关于第二次世界大战期间破译密码的展览，在展览介绍书中赫然写着：世界第一台电子计算机"科洛萨斯"。

人类经济和科技在高速发展，物质生活水平也节节提高，各种高科技产品逐渐得到普及，电脑就是其中最具代表性的一员。在21世纪的今天，如果让电脑在地球上消失一年，其影响绝不会亚于一场金融风暴对世界的冲击。电脑在我们的工作、学习、生活中扮演了一个不可或缺的角色，毫不夸张地说，电脑改变了我们日常生活的方式和习惯。可是，我们真的了解它吗？

电脑的学术名称是电子计算机，早期的电动计算器是它的源头。1946年由美国宾夕法尼亚大学莫尔电工学院制造的计算机"ENIAC"被公认为是世界上第一台电子数字计算机。和当代的计算机相比，它简直是个庞然大物，它霸占了170多平方米的"地盘"，重达30吨。很明显，这样的计算机使用成本太高，代价太大并且还不便操作。

1956年，第二代电子计算机——晶体管电子计算机诞生。与第一代相比，它"苗条"了不少，只要几个大一点的柜子就可以把它装下，并且，运算速度也有很大提升。1959年，出现了第三代电子计算机——

据说"科洛萨斯"的问世比"ENIAC"早了两年多，它于1943年3月开始研制，1944年1月投入运行。英国人称研制"科洛萨斯"是为了破译由德国"洛伦茨"加密机产生的密码。但人们还是普遍将"ENIAC"视为世界上第一台电子计算机。

RENJIZHENGBA——JISUANJI YU WANGLUO

▼ "ENIAC"计算机是一个庞然大物

中国于1978年开始研制巨型机。经过5年的研究，中国第一台运算1亿次以上的巨型计算机"银河I"诞生。1983年12月22日由国防科技大学研究所在长沙研制成功。"银河"机的问世，对中国石油开采和地质勘探、中长期天气数值预报、卫星图像处理、大型科研项目的数据计算和国防建设等都起到了至关重要的作用。

集成电路计算机，它由约翰·冯·诺依曼发明，有出色的计算能力，相当于现在的计算器，但体积依然庞大，有三间库房那么大，后来的计算机是在它的基础上不断改进创新的。

从20世纪70年代开始，计算机的发展进入了一个前所未有的新阶段。1976年，由大规模集成电路和超大规模集成电路制成的"克雷一号"标志着计算机进入了第四代。超大规模集成电路的使用，使电子计算机的更新换代更加频繁并不断创新，小型化、微型化、低功耗、智能化、系统化成为新一代的更新方向。20世纪90年代以后，计算机更加突出"智能"，并制造出了与人脑相似的计算机，和人脑一样，它可以按照人们预设的模式进行思维、学习、记忆和网络通讯工作。从此，人们习惯把计算机称为"电脑"，这一名称深入人心。1981年，推出了世界上第一台个人电脑，这将电脑带入个人化时代。

在高速发展的21世纪，计算机的发展沿着笔记本化、微型化和专业化的方向飞速发展，它每秒的运算速度多达千万亿次，操作便捷、价格实惠的电脑进一步代替了人们的部分脑力劳动，甚至在某些方面超越了人脑的智能。

如今的电脑已经成为现代化的智能电子设备，只要你事先设计并储存一个程序，它就可以自动、高速地进行大量数值计算，处理各种信息。根据现实需求，利用不断发展的科学技术，新型计算机会不断涌现并运用在实际中，如：生物计算机、光子计算机、量子计算机、纳米计算机等。

▼ 21世纪的计算机沿着笔记本化、微型化和专业化的方向发展

电脑"进化"史

看到"进化"两个字，人们会很自然地联系到人类由猿到人的进化或各种动植物的进化，和人类一样，电脑也有它的"进化"史。那么电脑的起源是什么，又是怎样"进化"来的呢？

探地雷达勘探技术主要用于探测地下墓穴和遗址

电脑的最早祖先是中国的算盘？

从电脑的进化史中不难看出，电脑的起源是电动计算器，电动计算器又是由古代的计算机械发展而来，而最早的计算机械便是中国的算盘，由此可知，算盘是电脑最早

人类由猿进化到人是一个漫长的过程，相比于人类的进化，电脑的"进化"史要简短得多，只有几百年的时间。1623年，威廉·史卡克制作出的"计算钟"可以视为电脑的"祖先"之一，它像计算器一样，可以进行6位以内的加减法，还可以用铃声说出答案。

17世纪中叶到18世纪初电脑进一步进化，与"计算钟"相似的发明相继出现，如由法国著名的数学家、物理学家布莱士·帕斯卡发明的

"Pascalene"，它是世界上第一部机械加法器；还有英国塞缪尔·莫兰德发明的机械计数机和飞利浦·马图斯制造的可以精确至12位计算机器等。

以上这些"计算钟"系列都可以视为电脑的"原始祖先"，就相当于人类进化链中的猿，在19世纪中叶，电脑的"直系祖先"诞生了，它就是由计算机先驱，英国数学家查尔斯·巴贝奇于1849年设计出来的机械式差分机。它于1847年开始设计，整体耗时近两年才完成，它可以完成31位的精度运算，并可以将结果打印到纸上，因此被公认为是世界上第一台机械式计算机。电脑的另一个"直系始祖"诞生于1893年，它是世界上第一部四功能计算器，为电动计算器

的祖先！如果这个结论成立，那么算盘将可以同我国的四大发明看齐，成为我国古代的第五大发明！

▲ 阿塔那索夫及贝瑞完成的计算器

战争是电脑进化的催化剂？

1947年诞生的世界上第一台电子数字计算机"ENIAC"于第二次世界大战期间开始研制并投入使用，它研制的目的是计算导弹弹道。与美国同时进行此项研究的还有德国、英国、苏联等国家，目的也都是要满足战争的需求。假如没有第二次世界大战，也许电脑产生的时间会晚得多。

的产生和发展立下了汗马功劳。

从1939年开始历时一年多的时间，施赖尔利用真空管完成了10位数的加数器，以及用氖气灯制成的存储器；1940年1月，塞缪尔·威廉姆斯和斯蒂比兹完成了"复杂数字计数机"的设计，它是一部可以计算复杂数字的机器，后来被称为"断电器计数机型号I"；同年9月，在一个数学会议上利用电传打字将新罕布什尔与纽约联系在一起。

1941年夏季，阿塔那索夫及贝瑞完成了一部专门解决联立线性方程系统的计算器，后来被称为"ABC"(Atanasoff–Berry Computer)，它拥有60个50位的存储器，用电容器的形式安装在2个旋转的鼓上，其速度非常慢。

1943年12月，汤米·佛洛亚斯率领他的队伍，完成了第一部"Colossus"，它用2400个真空管作为逻辑部件，有5个纸带圈读取器。

以上这些发明、技术为世界上第一台电子数字计算机"ENIAC"的诞生奠定了坚实的基础。1946年，"ENIAC"在美国宣告完成。从此，电脑的进化史进入一个高速发展阶段，平均每年都有一款新型计算机诞生：1949年，"延迟存储电子自动计算器"在英国问世；1952年，第一台"储存程序计算器"诞生；同年，世界上第一台大型计算机系统IBM701设计并建造完成；1954年，世界上第一台通用数据处理机IBM650诞生,等等。

从20世纪70年代后期开始,电脑的进化又一次进入新阶段。1979年,第一台手提式微电脑由夏普公司宣告制成,从此电脑进入成熟阶段。从1982年开始,微电脑大量进入学校和家庭,进入普及阶段。从此,电脑的进化史踏进超速发展的阶段,在这一阶段,电脑的发展可以用"日新月异"这四个字来形容,几乎每个月、每一周甚至每一天都有关于电脑的新技术、新发明产生的消息。直至今日,电脑仍处于高速发展的阶段,一些新技术,如纳米技术、量子技术、生物技术等的出现及其广泛应用使电脑的发展前景更加广阔。

▼ 世界上第一台通用数据处理机IBM650

什么是硬件

计算机由硬件和软件组成，两者是不可分割的。究竟什么叫硬件？哪些是硬件？各种硬件又分别有什么功能呢？

键盘是输入设备

硬件的发展历程：

自计算机问世以来，硬件一直占据了计算机系统的绝大部分成本，这种情况从 20 世纪 80 年代开始发生显著变化。由于软件在计算机系统中的地位日益重要，其开发成本也就随之增高，使

电子计算机系统中所有实体部件和设备都是硬件，它是看得见、摸得着的实体，与"软件"相对。计算机硬件的组件有很多种，它们组装在一起，才能完成输入、处理、储存和输出四个功能。

根据功能，可将硬件分为五大类：

1. 输出设备（如显示器、打印机、音箱等）；

2. 输入设备（如鼠标、键盘、摄像头等）；

3. 中央处理器；

4. 存储器（如内存、硬盘、光盘、U盘以及存储卡等）；

5. 主板，所有硬件的联系中枢。

这五类组件分工不同，对计算机的正常运作都起到了至关重要的作用。

外部设备。它由输出设备和输入设备构成，是联系用户与机器的纽带。输入设备是把相关数据输入计算机的设备，人们通过键盘、鼠标等

得它在计算机系统成本中的比重快速提高，在20世纪90年代已和硬件的成本不分伯仲。如今，由于外部设备的发展，人与计算机的关系越来越亲密。起初，人们只能用枯燥的数字、文字同计算机打交道；如今，以"Windows"为代表的图形用户接口技术的成熟，把人们带进了"图文并茂"的多媒体时代，计算机不再是一部冰冷的机器，而是生活中不可或缺的助手。

打印机是输出设备

你了解提高 U 盘性能的方法吗？

在 Windows XP 的操作系统下，在 U 盘正常工作后，打开"我的电脑"，右击可移动磁盘，选择"属性"→"硬件"，在"所有磁盘驱动器"中选择该移动磁盘后点击"属性"，在新对话框里选择"策略"。

如果选择"为快速删除而优化"，即这个设备就不是用磁盘的写入缓存，所以不用"安全删除"就可以拔掉设备插口。

如果选择"为提高性能而优化"，即这个设备就会通过磁盘的写入缓存来提高磁盘性能，这样就会将传入和传出速度大大提高，但是要断开该设备就要麻烦一点，要先点击"安全删除硬件"，否则 U 盘里的数据会丢失。

把指令送给计算机，计算机按照指令进行计算。反过来，输出设备就是把计算机已经处理过的数据，用人们能够识别的形式输出的设备。比如电脑会把计算的结果显示在屏幕上。电脑有了外部设备就如同人有了眼睛、耳朵、嘴巴和手，可以看、听、讲和写字一样。

中央处理器，简称CPU。它的任务就是计算！通常CPU以芯片的形式存在于计算机中，它往往是计算机中集成度最高、最贵重的一块芯片。计算机对所有数据的加工处理都是在CPU中完成的。它的主要任务就是根据事先输入在存储器内的程序，逐步地执行程序所指定的任务，另外它还负责发出控制信号，使计算机的各个部件能够协调一致地工作。

存储器。通常是指内存、硬盘等存储硬件以及它们的总线系统。内存能被中央处理器直接随机存取指令和数据，因此叫做主存储器，磁盘、磁带以及光盘，它们的数据必须调入内存后才能供CPU处理，它们又叫做外存储器或辅助存储器。

主板，即母板，它是影响电脑整体性能的

关键因素之一。之所以叫它母板,所有重要的配件,如CPU、内存卡、显卡、芯片组等都是直接与主板相接,还有硬盘、光驱等与它有着间接的联系,主板是它们的承载体,对它们性能的影响就如同母亲对孩子的影响一样。

▲ 主板是影响电脑整体性能的关键因素之一

电脑的灵魂——软件

软件是电脑的灵魂。人没有灵魂，无异于行尸走肉，电脑如果没有了软件，则无异于破铜烂铁。那么什么是软件呢？

美国微软公司

软件作为电脑的灵魂，是指挥计算机做什么和怎样做的计算机程序。计算机要想正常工作，软件和硬件就必须相互配合。如同录音机，尽管有磁带，但它若是空白的话也是放不出音乐来的。如果把计算机比喻为人的话，那么硬件就是躯壳，软件就是思想和灵魂。

计算机的软件一般分为系统软件和应用软件两大类。

我们通常用的 Windows、苹果 Mac OS 属于系统软件，一般由正规软件公司或者计算机厂家提供，它是管理和利用计算机资源的通用软件。有了它，计算机就拥有了基本的功能。就好像一个舞台，准备好了灯光、前台、后台、电力等各种接口，可以供各种演出团体来演出。系统软件是计算机的"管家"，负责管理所有硬件和软件，同时根据接收的指令，把计算机执行后的结果传递给用户。可

软件缺陷

计算机软件或程序中存在的问题会破坏计算机的正常运行，也有可能是隐藏的某种功能的缺陷。缺陷的存在会使软件产品在某种程度上不能满足用户的需求，还可能给计算机病毒造成可乘之机。

▶ 微软公司开发的
Windows 7 操作系统

不同的软件一般都有不同的授权，也就是说，用户必须在得到使用软件的许可证的情况下才算是合法使用该软件。从另一方面来讲，特定软件的许可条款也不能够与法律相悖。如果一个软件的许可条款规定："用了此款软件，就默许软件公司可以获得用户的隐私"，这显然是不合法的，是无效的。

以说，没有它，计算机什么也做不了。

对于当代用户来说，最常用的系统莫过于 Windows XP 和 Windows 7 操作系统。从 Windows XP 开始，操作系统特别注重用户"体验"，对系统的安全性、稳定性、易用性做了重点加强，多媒体应用方面的功能也有很大提高，这些发展创新使 Windows XP 成为软件发展史上的经典之作，2009年微软又发布了 Windows 7，它在用户体验上更显成熟，在外观的美化方面已经和苹果电脑不分上下。

Mac OS 是一套适用于苹果 Macintosh 系列电脑的操作系统。Mac OS 是最早的图形操作系统。由于这个系统不轻易向外界开放接口，因此安全性极高，稳定性极好，几乎没有什么病毒的干扰。Mac OS X 最突出的性能就是简单易用和稳定可靠。

有了操作系统这个"大舞台"，各种"演出团体"就可以上演特色演出。用户想要做哪方面的事情，就去找哪方面的专门软件。这些专门软件就是应用软件。例如，用户想要录音，可以使用 Audition 软件。应用软件的开发往往是为了某种特定的用途，而该特殊用途能让计算机成为用户生活的好助手。

系统软件的出现，为我们的工作提供了平台。

在此平台上，我们根据实际需要，选择不同的应用软件。

软件，作为电脑的灵魂，承载着电脑的思想，展示着人类的智慧。随着人类需求的不断增长，科学技术的不断发展和人才的大量涌现，软件的种类越来越多，功能也越来越齐全，这使我们的生活更加舒适。

▶ 苹果公司开发的
Mac OS 操作系统

电脑为何越用越慢

都说脑子越用越灵,可为什么电脑却越用越慢?当你发现你的电脑开机需要几分钟,启动一个程序需要等上很长时间,还动不动就卡死时;当原本只需一二十分钟能完成的事现在却因为电脑的反应迟缓而需要花费一个多小时时,你还能坦然面对你的电脑吗?是不是有种"恨铁不成钢"的感觉?其实,要想让电脑时刻保持高效运行状态,只要我们在平时使用它时遵循一些良好的操作习惯就可以了。

脑子越用越灵,电脑却越用越慢

超级兔子是一款老牌计算机功能辅助软件,它拥有10年的历史,是众多电脑用户的装机必备软件。它拥有一套完整的系统维护工具,具有 IE

电脑越用越慢,一般是由以下行为造成的:

1. 长期上网进行网页浏览,造成临时垃圾文件的大量囤积,挤占了电脑系统资源;

2. 过度使用电脑,反复删除、存储文件,使硬盘上产生大量文件碎片,从而减

慢了CPU访问硬盘的速度，使电脑变得迟缓；

3. 同时打开的窗口或运行的程序太多，占用了大量的系统资源；

4. 需要随机启动的程序太多，拖慢电脑运行速度；

5. 在浏览器上同时安装了太多插件，从而影响网页页面打开的速度；

6. 计算机遭受病毒、木马或恶意程序的干扰。

修复和保护功能，并能对恶意程序进行检测和清除，它不但可以清理大多数文件、注册表里面的垃圾，还可以检测出一台电脑系统的 CPU、显卡、硬盘的运行速度，由此诊断出电脑的稳定性及速度，还有磁盘修复及键盘检测功能，还可以进行软件的卸载工作。实践证明，它确实是一款优秀的电脑维护软件。

▲ 电脑也会产生垃圾文件

什么是双核处理器?

双核处理器,顾名思义就是在一个处理器(CPU)上集成两个运算核心,核心是CPU最重要的组成部分,起着至关重要的作用,它承载着CPU所有的计算、存储命令和数据处理等。双核处理器技术的引入是提高处理器性能的重要方法。由于处理器的实际性能是由处理器在每个时钟周期内所能处理的指令数的总量决定的,因此用增加一个内核的方法,就可以使处理器在每个时钟周期内可执行的单元数增加一倍。所以,在同样的系统占地空间上,双核处理器的应用使用户的计算机拥有了更高水平的计算性能。

只要充分了解电脑运行变慢的原因,我们就可以对症下药,让电脑快起来:

1. 定期清除垃圾文件。可以一周左右进行一次,步骤如下:点击"开始→所有程序→附件→系统工具→磁盘清理",按照提示对C盘进行清理,这样就可释放硬盘空间,清除垃圾文件。使用一些软件的清理系统垃圾功能则更加方便,这类软件很多。

2. 定期整理磁盘。一个月一次为宜,步骤如下:点击"开始→所有程序→附件→系统工具→磁盘碎片整理程序",按照指示对C盘进行碎片整理,这样可使硬盘上文件的存放更有序、更紧凑,从而加快硬盘响应速度。由于磁盘整理耗费的时间较长,对硬盘也有一定的损耗,所以最好选在不用电脑的时候整理磁盘,大约半年整理一次即可。

3. 不要同时运行过多程序。不用的软件要及时退出,浏览过的网页也及时关闭。

4. 果断将一些自启动程序清除。可以借助一些软件来完成。很多软件都提供这一调整功能。

5. 清理多余的插件。以上3、4两项的清理,需要用户对电脑软件有一定的认识,否则可能会不小心关闭了自己需要的功能。

6. 感觉电脑异常时要及时运行杀毒软件,选择"全盘杀毒"进行扫描杀毒。

人机争霸——计算机与网络

▶ 避免同时运行多个程序

　　虽然电脑是机器，没有血没有肉，但是它有时也跟人一样，"累"了就会罢工，"病"了就会出现一些反常的行为。因此我们也要人性化的对待它，在平时使用电脑的时候，注意保持一些良好的操作习惯，并经常进行维护，这样，电脑就能随时保持良好状态，进行高速运行了。

电脑也绿色

在提倡可持续发展的今天，大家对于"绿色"这个词一定不陌生，近年来，只要涉及环保和健康的事，人们都会以"绿色"来冠名，比如"绿色食品"、"绿色面料"等等，可以说"绿色"已经成为环保和健康的代名词，那么你听说过"绿色电脑"吗？

电脑的耗电量一直是用户关心的问题

关于"能源之星"计划

"能源之星"是一项由美国政府主导的，主要针对消费性电子产品的一项能源节约计划。"能源之星"计划于1992年由美国环保署（EPA）启动，其主

近年来，能源危机以及气候变暖使大自然遭受了不小的伤害。小小的电脑虽然貌不惊人，但是它消耗的电力确实相当可怕。电脑耗电量一直是用户关心的事情。我们知道，大屏幕平板电视机的耗电量在300瓦左右，电脑的耗电量大约与此相当，在250~400瓦之间。一台电脑每个月的耗电量是多少呢？假如每小时的耗电量为300瓦，一天开机10小

时，一个月30天，那么就是 $300×10×30=90$ 千瓦，即90度电，显然，这只是一个保守的估计(显示器耗电量：15英寸为60瓦，17英寸为80瓦，19英寸为100瓦左右)。

试想，如果电脑能为减少功耗，节约资源出一份力，这岂不是地球之幸事？现在，"省电、节能、环保"不仅是口号，更成为了一个重要的市场，各大IT厂商与时俱进，他们以社会环境保护或节能减排为出发点设计制造的产品如雨后春笋，借助这点来抢占重要市场。无论如何，IT行业提倡的绿色是符合人体工程学原理的，是在节能、环保的前提下，最大程度地彰显了人们健康的生活理念。其中最具代表性的是美国的"能源之星"计划和IBM公司推出的"绿色电脑"。

20世纪90年代初期，美国环保署推出"能源之星"计划，这个计划的目的是要保护生存环要目的是为了降低能源消耗、减少发电厂所排放的温室效应气体。此计划并不具有强迫性和法律效力，只要那些产品符合它的要求就能贴上"能源之星"的标签。

▼ "能源之星"标志

电脑"休眠"和"睡眠"

"休眠"是把当前处于运行状态的数据保存在硬盘中，整机都完全停止供电。简而言之，"休眠"就是保存会话并关闭计算机，当你再次打开计算机时，系统会帮助你还原会话，和快速启动的效果相似，将电脑休眠可以为你节省不少时间和电量呢！值得注意的是，"休眠"和"睡眠"并不一样，"睡眠"同样会把会话保存在内存中，但此时计算机只是处于低功耗状态，并没有关闭它。

境，节约能源。它要求当电脑处于待机状态时，其耗电量必须要低于60瓦，主机和监视器各低于30瓦，为此还专门设计了"ENERGY STAR"的标识，凡是符合此项要求的个人电脑，均可在外壳上贴上"ENERGY STAR"的标识，这就是当时人们所说的绿色个人电脑了。"能源之星"计划的实施，为企业和个人提供了管理和解决高耗能能源利用的方案，在节约能源、保护环境的同时，更轻松地达到了节省费用的目的。这项计划提醒人们要注意待机时的能耗，现在，电脑待机的功率已经普遍降低到5瓦以下。

IBM电脑公司，与世界"环保热"呼应，率先推出了"绿色电脑"。与一般个人电脑相比，IBM推出的"绿色电脑"确实有其特别之处："绿色电脑"的耗电量只占一般个人电脑的25%；在阳光充足的地区，还能利用特别设计的高效环保的太阳能电池供电；此外，机身用再生塑料制成，电脑报废后，还可以再生制作其他物品，减少了垃圾，达到了绿色、环保的功能。

不久前，清华同方推出的超翔电脑也在环保方面颇有建树，它拥有"正常"和"节能"两种工作模式。按下蓝色节能键，主机能耗将降低至正常状态的60%~70%，以一台机器耗能150瓦计，当处于节能状态时，可以节约能耗达45瓦，一台机器一个月可节电10.8度。对500人的大型企业，每月可节电5400度，一年便可为企业节电64800度，以0.4元/度计，节省出25920元，从这个数据看，使用这种电脑对于企业主是非常划算的。

当前，电脑的耗电量已经成为日常生活用电的重要组成部分，仅2008年中国PC市场的销量就已经在3300万~3800万台之间，2009年底，中国市场的电脑保有量已多达2亿台。在这个数据的基础上，我们可以计算，如果每台电脑整机消耗功率每天降低10瓦，这就意味着每年可节电7.3亿度，7.3亿度的电基本上可以满足一个百万人口的中型城市两年的日常生活用电，这是多么惊人的数字啊。"绿色电脑"的推出，在带来电脑精品的同时，更达到了省电、节能、环保的目的，它一定会越来越受到人们的青睐！

▼ IBM公司积极响应环保计划

有时候，我们的电脑运行速度会突然变成蜗牛速度，有时候，它一不高兴还黑个脸，抑或直接罢工了，这是为什么呢？

其实，就像人会生病一样，电脑也是会"生病"的。其原因就是那些万恶的病毒感染了电脑，让电脑"行动迟缓"或者"彻底崩溃"。我们不禁要问：它们到底是何方神圣？

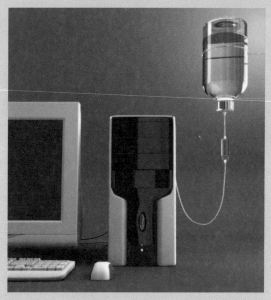

电脑也会"生病"

计算机病毒的感染途径：各种储存媒体，如U盘；各种网络，包括网页、下载程序和电子邮件等等。据研究，一台联网的电脑，如果没有安装杀毒软件，则不到20分钟的时间里，就会感染电脑病毒。

电脑病毒是指编制或者在计算机程序中插入的破坏计算机功能或者毁坏数据，影响计算机的使用，并能自我复制的一组计算机指令或者程序代码。它们会在一些特定的条件下，破坏计算机中的系统设置、系统软件或占据大量磁盘空间，使计算机系统不能正常运行甚至完全崩溃。由于这种程序可以附着在一些应用软件中并随磁盘、网络传播，即"传染"，而且能够破坏电脑系统，就如同真实的生物病毒一般具有隐蔽性、触发性、破坏性、传染性、不可预见性，所以才有病毒的恶名。

　　早在1949年，电脑之父——约翰·冯·诺依曼，率先设想出一些可以自我复制的病毒程序，但是没有得到电脑专家的普遍认可。然而十年之后，一种叫做"磁芯大战"的电子游戏将这种自我复制付诸实际。1983年，一位游戏者作演讲时公开了这个游戏，并且透露了游戏程序的写法，尽管人们还没有清醒地认识到这是病毒，但是，怎么编写程序的秘密已经流传出去了。《科学美国人》月刊的专栏作家杜特尼于1984和1985年先后写了两篇讨论"磁芯大战"的文章，并以两美元的价格出售该程序资料。"磁芯大战"打开了潘多拉之盒，电脑软件再无安宁之日。

　　1986年，引导区病毒"巴基斯坦大脑"被发现，这是第一个针对个人电脑的病毒，据说是由巴基斯坦的两兄弟设计出来的。这似乎引发了全球的病毒编写热情，从此以后，病毒程序编写及传播活动一

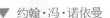
▼ 约翰·冯·诺依曼

磁芯大战：磁芯大战是一种战争游戏程序，它是两方各写一个程序，输入同一部电脑中，这两套程序在电脑系统内互相追杀，互设关卡，被困时还能复制自己以逃脱追捕。

发不可收拾。它通过感染用户下载的程序，附带在公告牌系统或磁盘中来感染电脑，让人防不胜防。20多年来，病毒从DOS引导阶段发展到互联网阶段、邮件炸弹阶段，其种类也不断丰富，组成一个有系统病毒、蠕虫病毒、木马病毒、黑客病毒、脚本病毒、后门病毒、宏病毒、玩笑病毒等品种的庞大家族。

虽说如此，我们并不是束手无策，可以采取措施预防病毒感染。预防病毒的方法包括：了解病毒如何工作、使用的病毒检测器、实现系统保护等方法。

计算机病毒一般有以下三类性质：能够自行复制；需要一个"载体"或"宿主"；损伤计算机或在受感染的计算机系统上引起机主不希望的行为。下面这些症状可以帮你判断计算机是否落入病毒的魔爪。

1. 计算机执行程序的速度变慢，或是莫名其妙的死机。

2. 荧幕上会出现一些开玩笑或警告的字词、画面，甚至要求和你玩数字游戏。

3. 突然找不到硬盘，档案变大或变小，档案的名称、日期或属性无故被更改，多出一些不明档案，或是在正常使用状况下产生存储器空间不够的异常情形。

4. 键盘输入异常。

为了防范十分狡猾的计算机病毒，用户的计算机上最好装有实时监控系统，应购买并安装专门的防病毒软件，并且定期升级，只有这样，纷繁复杂的病毒才会最大限度地被拒于电脑硬盘之外。以防万一，用户要定期对重要的文件予以备份，这样，即使病毒偶尔侵害了电脑，也能够最大限度地避免损失。

◀ 面对电脑病毒，我们并非束手无策

不防火的"防火墙"

进入21世纪以来，随着互联网的飞速发展，电脑逐渐从企业的办公桌走向民间，几乎成了普通家用电器。在人们享受网上冲浪的同时，却不得不面对一个现实："黑客"、"木马"成功入侵系统的事件越来越多，我们的信息安全难以得到保证。

防火墙是保障信息安全的有效方法

分组过滤：防火墙根据在墙外待进入的信息的分组源地址、目的地址和端口号、协议类型等标志，分析信息的安全性，然后确定是否允许数据分组通过。

在网络时代，人们前所未有地关注自己的隐私问题，当你去访问别人的网站，也许别人也会"礼尚往来"，来你这里"顺手牵羊"。你一定不希望自己的照片配上低俗的文字成为某网站的"招牌"吧。企业更是担忧，金融交易、信用卡号码、机密资料、用户档案等信息直接关系到企业的生死存亡，一旦泄露，后果不堪设想。那么，我们如何保证信息的安全呢？

使用防火墙是一种有效的方法。

顾名思义，防火墙就是一堵防止火灾蔓延的墙，有了它，墙外的火就烧不进墙内。在计算机领域，也用防火墙进行"防火"，不过此"火"非彼"火"，它是计算机病毒、木马等可以使你计算机受到损失的"火"。防火墙是一种高级的访问控制设备，是置于不同网络信息城之间的一系列部件的组合。它是不同的网络信息城之间的唯一通道，同时控制进、出两个方向的信息传播—我的信息可以出门，但是你要进门就要经过我的检查和允许。墙内的使用者既能从外界获取最多、最安全的信息，而又不用担心内部数据的安全，墙外的访问者如果未经许可就只能吃闭门羹了，如此这般，我们也就可以安心地在这道保护墙内活动了。

防火墙一般是使用以下防护机制中的一个或多个来实现"防火"的。

第一层：过滤。防火墙根据事先设定的规则，检查TCP/IP数据包，以决定是将其

▼ 过滤、代理服务、加密是防火墙的三大防护机制

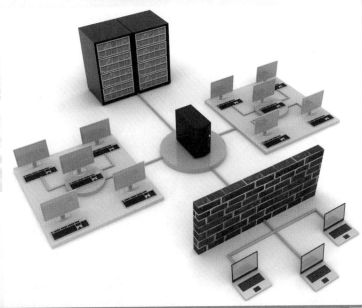

TCP/IP：TCP/IP指传输控制协议/因特网互联协议（Transmission Control Protocol/Internet Protocol）。它设定了电子设备（比如计算机）如何连入因特网，以及数据如何在它们之间传输的标准。

发送给请求它的系统，还是忽略掉。

第二层：代理服务。这个功能是将墙内的使用者向外发出的信息重新包装，打上代理的名号，然后以代理的身份发送给请求它们的系统，反之亦然。这样的话，内部网络的架构和IP地址就和黑客们玩起了躲猫猫，黑客就找不到攻击目标了。

第三层：加密。防火墙在数据传送到外部网络之前，对数据进行加密，这种加密行为让信息看起来就是一堆乱码，即使被盗，黑客也难以知道它的真实内容。

此外还有特征检测这种较新的方法，也就是不检测每一数据包的内容，而是只将该包的关键部分与可行信息数据库进行比较，将流出的信息与这些特征进行比较，如果合理匹配，信息就可通过。

从诞生到现在，防火墙经过了五个发展阶段，每个阶段都给防火墙增加了不同的功能。

第一阶段：基于路由器的防火墙。这时候的防火墙和路由器是一体的，采用了包过滤技术，利用路由器的分组过滤功能保护电脑，安全性不高。

第二阶段：套件式防火墙。此时的防火墙将过滤功能从路由器中独立出来，针对用户提供模块化的软件包，加上了审计和报警功能。

第三阶段：基于通用操作系统的防火墙，又叫应用层防火墙。这是批量上市的专用防火墙，包括分组过滤或借用路由器的分组过滤功能和专用代理系统。

第四阶段：具有自主安装操作系统的防火墙。这时候的防火墙已经发展得比较完备了，它包括了分组过滤、应用网关和电路级网关功能，还增加了许多新功能，安全性高。

第五阶段：使用自适应代理技术的防火墙，智能程度更高。

经过五个阶段的发展，我们现在看到的防火墙具有以下五大基本功能：过滤进、出数据；管理进、出访问和存取行为；封堵某些禁止的业务；记录通过防火墙的信息内容和活动；对网络攻击进行检测和报警。

有了具备这五大功能的防火墙后，我们的信息安全就基本得到保障了。

但是金无足赤，人无完人，防火墙也一样，黑客可能会利用一些端口躲过防火墙的检查。要保证万无一失，还需用户加强防范意识，防火墙和杀毒软件要双管齐下。

▼ 即使安装了防火墙，用户在使用电脑时也要加强防范意识

电脑辐射知多少

在电脑为生活带来便利与欢乐的同时，也会产生一些问题，带来一些麻烦，例如电脑的电磁辐射就是不可避免的。好在我们只要在挑选、使用电脑时，使用一些小窍门，便可在一定程度上预防电脑辐射对人体的伤害。但我不禁要问：电脑辐射，你知多少？

屏幕亮度与电磁辐射有关

电脑在使用过程中，主机和显示屏均会发出电磁、电离辐射。经常在屏幕前工作，会促使人体皮肤老化，使皮肤变粗糙，甚至还会引起皮肤发炎等症状。另外，心情烦躁、焦虑不安、视力下降等也是常见的症状。因此，我们一定要注意减少辐射的影响。

尽管电脑辐射危害不小，但"道高一尺魔高一丈"，如果能做到以下几点也就等于给我们打上了一针"电脑辐射预防针"。

首先，"降"患于未然，从源头做起。选购电脑设备时，尽可能购买正规厂家生产的符合"绿色电脑"标准的产品。一般不要使用旧电脑，旧电脑的辐射剂量较大，在同样距离、同类机型的条件下，辐射剂量一般是新机器的1~2倍。

其次，显示屏上有"文章"。我们应该购买得到低辐射标准认证的显示屏。这种电脑显示屏辐射很小，比较安全。现在很多人使用液晶显示屏，屏幕

液晶显示屏对人体有辐射吗？

各种显示技术伴随着科技的进步如雨后春笋般诞生，由于液晶显示屏具有轻薄、耗电量低、低辐射等优势，逐渐取代CRT而居主流地位。然而，液晶显示屏的可视角度、色彩饱和度等都存在先天的问题，它比较容易导致眼部疲劳。

▲ 尽量使用宽度较大的电脑桌

仙人球能防电磁辐射吗?

很多传言称仙人球能够吸收电磁辐射。但目前为止,还没有足够的理由能证明植物可以吸收电磁辐射。仙人球生长在烈日炙烤、干燥缺水的沙漠中,逐渐形成了抵御红外辐射、紫外线伤害的能力。但我们不能将紫外线的辐射与电磁辐射混为一谈。因此,在足够的证据出炉之前,我们还是尝试其他方法来预防电磁辐射吧!

本身是没有辐射了,但电路还是会产生辐射,因此还是要认准低辐射标准才行,现在最严格的是TCO 06标准。

第三,调整屏幕亮度很重要。一般来说,屏幕亮度越大,电磁辐射越强,因此,屏幕不宜太亮,这样会大大减少对人体的侵害。电脑显示屏最好放在略微暗一点的地方,这样使用时就可以不用开得太亮。不过也不应亮度过低,容易造成眼睛疲劳。

第四,拒绝"亲密接触"。操作电脑时,操作者离主机和屏幕越近,受到的辐射量越大,因此最好距离屏幕0.5米以外,这就要求买电脑桌时不要贪图便宜,应该选择那种比较宽大,键盘抽板也比较长的桌子,价格可能高些,但为了健康考虑还是值得的。

第五,食物里的盾牌。注意多吃一些胡萝卜、豆芽、西红柿、橘子、瘦肉、动物肝脏等富含维生素A、维生素C和蛋白质的食物。还可以经常喝些绿茶,茶叶中含有丰富的维生素A原,它被人体吸收后,能迅速转化为维生素A。维生素A能合成视紫红质从而使眼睛在暗光下看东西更清楚,因此,绿茶不但能降低电脑辐射的危害,还能保护和提高视力。如果不习惯喝绿茶,菊花茶同样也有着抵抗电脑辐射和调节身体机能的作用。

第六,何处安家。电脑摆放的位置很重要,尽量别让屏幕的背面朝着有人的地方，因为电脑辐射最强的部分是背面，其次为左右两侧，屏幕的正面反而辐射最弱。

第七，避免二次辐射。室内最好不要放置闲置的金属物品，以免造成电磁波的再次发射。

▼ 多喝绿茶

最后，不要长时间坐在电脑前，不用时应该及时关机。工作后，应洗洗脸，因为使用电脑后，脸上会吸附不少电磁辐射的颗粒，形成脸部的电磁污染，对皮肤有损害。一般来说，使用电脑后洗一下脸，可减轻70%以上的辐射。

Windows 7——最受欢迎的系统软件

Windows XP：一代经典，但不是永远的经典。

2001年微软推出Windows XP，以良好的易用性、稳定性、兼容性造就了它的成功。

2007年微软推出Windows Vista，因极差的兼容性和较高的硬件要求，进一步巩固了Windows XP的经典地位。

2009年微软推出Windows 7，让Windows XP成为了过去的经典，Windows 7成为现在的经典。

Windows XP是一代经典操作系统

Windows 7在中国尝试了一种特别的发布方式，微软一改花费巨资进行华丽宣传的手法，而是邀请某节目组前往美国微软总部拍摄宣传推广Windows 7的特辑。微软一改传统的严肃姿态，尝试与娱乐综艺节目合作，借其在国内强大的收视率来宣传自己的新产品。

2009年微软推出Windows 7，很快在全球流行。调查表明，这是有史以来用户满意度最高的操作系统。这其中到底有哪些奥妙呢？

1. 足够稳定。离开稳定，什么都不用谈了。Windows 7 稳定的性能赢得了来自技术专家社区94%测试者的认可。

2. 足够兼容。兼容性好的系统仪态万方，万众瞩目。数万家软硬件厂商基于Windows 7平台去设计软件，而且Windows 7 还往下兼容，可以运行Windows XP 大多数的应用程序。

人机争霸——计算机与网络

38

3. 足够快。通过对基础性能的优化，在启动时间、待机恢复、搜索和索引、文件复制等诸多方面显著提升了响应速度。一般启动不会超过1分钟，调整好了，半分钟足矣。

4. 足够贴心。Windows 7 更多关注如何满足用户的需求，提供了诸多人性化的功能和特性。如快速切换最大化、窗口半屏显示、跳转列表、系统故障快速修复等。使其成为最易用的 Windows 操作系统。

5. 足够安全。Windows 7 采用了多层安全防护系统，能有效抵御病毒、木马、间谍软件等各种安全威胁。

6. 要求低。不仅现在主流的电脑配置可以很好

▼ 微软公司位于雷德蒙市的总部园区

微软（Microsoft)公司是世界上个人计算机（PC）软件开发的先导，由比尔·盖茨与保罗·艾伦创始于1975年，总部设在华盛顿州的雷德蒙市（Redmond，邻近西雅图）。目前是全球最大的电脑软件提供商，其主要产品为Windows操作系统、Internet Explorer网页浏览器及Microsoft Office办公软件套件。此外，又于1999年推出了MSN，即Messenger网络即时信息客户程序，2001年推出Xbox游戏机，参与游戏终端机市场竞争。

地运行Windows 7，即使在较低配置的电脑或上网本上也可以畅通无阻。当然内存还是要大一些。

7. 与时俱进。Windows 7从底层架构上支持了最新技术，将硬件性能、软件功能发挥到最优。

此外还有简单、连接好、成本低等优点。

除了宏观的优势外，Windows 7还有一些显著的功能上的改进，不仅提高了工作效率，也更显人性化。

1. Windows 7 的"开始"菜单最下端特设一个搜索框，可以快速搜索本机上的文件。

2. 工具栏上所有的应用程序都不再用文字说明，只剩下一个图标，而且同一个程序的不同窗口将自动群组。鼠标移到图标上时会出现已打开窗口的缩略图，再次点击便会打开该窗口。

3. 用户可以把常用文件、文件夹拖到任务栏上，这样就能将他们固定在相应程序跳转列表的顶端，开始工作时便更快捷。

4. 便于幻灯演示，只需按快捷键"win + P"就能切换不同的投影状态。

5. 系统随机自带的截图工具可以截取任意形状的图片，而且方便添加批注。

6. 如果将窗口拖到屏幕顶端，就能自动最大化；拖住当前窗口晃下鼠标，其它窗口统统最小化；如果将窗口拖到屏幕两侧，它就会自动变成半屏宽度，方便对两个平行排列的窗口进行编辑和校对。

人机争霸——计算机与网络

7. "显示桌面"选项被固定在屏幕右下角，只需把鼠标放在上面，所有的窗口就会暂时变成透明，方便用户查看桌面的情况，轻轻一点，所有的窗口便可最小化。

8. 原生支持语音和触摸功能，不再只依靠键盘和鼠标。盲人也可以操作一些基本功能。

9. 它还是目前最节能、最绿色的系统，笔记本用户不用担心电池被拖垮。

坚决不做"out man"，紧跟时代向前看！21世纪，发展才是硬道理！如果以上Windows 7 的介绍已将你折服，还为时尚早，这些只是Windows 7 强大功能的冰山一角，现在就带着寻宝般的心情去实际探究一下Windows 7 的奥妙吧。

微软公司推出新一代 Xbox360 游戏机

电脑死机谁的错

"死机"是令许多用户束手无策的事情，常常关键时刻掉链子，使劳动成果付之东流。直至今天，电脑硬件和软件系统还没有强大到从不死机的地步。不过，死机不可怕，关键是要知道它为什么会"死"和如何让它"起死回生"。

CPU是电脑的大脑

电脑"假死"：电源问题可能造成"假"死机现象。应检查电脑电源、插座连接是否正常，主机、显示器以及音箱等设备是否通电，开关是否打开。

电脑死机一般有四种情况：开机过程中死机、启动操作系统时死机、运行程序时死机、退出操作系统时死机。其表现主要有："蓝屏"、画面定格无反应、无法启动系统、鼠标和键盘无法正常输入、软件运行非正常中断等。尽管造成死机的原因是多方面的，但是其根源还要归于硬件与软件两方面。下面就开始对症下"药"。

硬件篇

硬件是电脑的主要"器官",它们的运行状态会直接影响电脑能否正常工作。而硬件中最主要的是CPU、内存、显卡和硬盘四样,它们如果出了问题,将会对电脑造成致命的打击。

这其中,比较轻微的问题是CPU温度过高和内存条与插槽接触不良。

CPU就好比电脑的大脑,如果它长时间超负荷工作,或CPU风扇积尘过多导致运转不正常,电脑就可能因"头脑发热"而死机。如果是单纯的过热,只要关机让它"冷静"一下就可以,但是如果开机不久CPU就温度过高甚至死机,就有可能是风扇或者是CPU散热器和CPU接触不良的问题了,需要具体问题具体分析,另行解决。

内存条与插槽接触不良也会导致死机,当排除了CPU过热的原因后,你可以打开机箱看看内存条是否松动,如果接触不良,重新拔插内存条就可以解决问题了。

并检查电脑各部件间是否连接正确,插头是否松动。尤其要留意主机与显示器的数据线连接情况,连接不良常常造成"黑屏"的"假"死机现象。另外电压不稳定也有可能造成这类问题。

▼ 内存条与插槽接触不良也会导致死机

死机是系统不得已而为之。每当有内核模式设备驱动程序或者子系统引发异常时，Windows 就会面临艰难的抉择：要么忽略异常，让程序或者系统继续执行，要么强行终止系统。当 Windows 选择"亡我"时，是因为它不知道该错误是否能被隔离或者在将来恢复，而且这个异常很有可能来源于更深层的问题，允许系统继续运行可能导致更多的异常。因此，壮士断腕，死机也是不得已呀。

若排除以上两种情况，那可能就是硬件受损了。"器官"坏了还有什么办法呢，只能重新移植新"器官"了。

软件篇

由软件导致电脑死机的原因更加纷繁复杂，我们只能尝试着去判断。经常出现的原因有：启动的程序太多、病毒感染、使用盗版软件、软件缺陷和非法卸载软件等。

同时运行过多程序会占用大量系统资源，造成的后果轻则电脑工作缓慢，重则死机、系统崩溃。

如果没有同时打开太多程序，而电脑仍然工作缓慢、异常、频繁死机，我们就要考虑电脑是否感染了病毒，这些病毒可以使电脑工作效率急剧下降。二话不说，先打开杀毒软件"杀它几盘"再做观察判断。

如果是在打开或运行某软件时突然死机，那么此时就应该考虑是否是软件的问题。我们应该追查一下它的"出身"，看它是否"来路不正"。为避免这种情况，最重要的是做到平时从正规的官方网站或软件网站下载软件，因为不良网站的软件可能隐藏着病毒或其他危险。另外，软件设计时的缺陷也可能导致后来使用过程中电脑的死机，因此不仅要使用正式版还要经常更新补丁。

在卸载软件时不要删除共享文件，这些文件可能被系统或者其他程序利用, 一旦删除将有可能导致死机。

如果这一切都不行, 只能使出最后一招: 重装系统!

我们要养成良好的使用电脑的习惯, 应当按照正常的程序关机, 不可直接切断电源。也许一次并不能造成很大的伤害, 但是长此以往就会对电脑造成致命的伤害, 尤其对于Windows系统来说, 这点很重要。同时还要记得定时清理电脑灰尘。

▶ 应当定时清理电脑灰尘

CPU大战

那个毫不起眼的只有火柴盒那么大、几十张纸那么厚的电脑配件，就是电脑的心脏—中央处理器，又叫CPU。它负责处理、运算计算机内部的所有程序，是计算机必不可少的原件。中央处理器从诞生至今经历了无数次技术的更新，它们的每一次变革都给网络和计算机的世界带来一

次质的飞跃，同时它还使计算机走进千家万户成为可能。那么就让我们了解一下这个小盒子背后的故事吧。

Intel 486处理器

CPU诞生于20世纪70年代的80286电脑，从此群雄迭起，逐鹿于计算机市场，以Intel公司、AMD公司以及Cyrix公司最为耀眼。CPU技术不断发展，多核处理器的发展是当今的主导。自从CPU进入了多核时代，核心竞争就成为了Intel和AMD的舞台。

这场竞争是从2005年开始的。此前的角逐主要是频率高低，突然之间，转变为提升CPU的实际性能。于是，两家公司都开始增加其核心数，另一个竞争时代已经到来。

在频率竞赛时代，AMD因为率先发布了1G CPU，在CPU的发展史册上留下光辉的一页，来到多核时代，Intel可不能再重蹈覆辙，它在2005年抢先发布了第一款桌面双核处理器Pentium D。这颗CPU实际上是由两颗Pentium 4嫁接而成，后来还被证实为"高发热、低性能"，但它确是历史上第一款双核处理器，对之后的软件和硬件发展产生了深远的影响。

约一个月后，AMD也拿出自家的双核Athlon64 X2。AMD Athlon64 X2的性能远好于Intel的Pentium D，AMD据此挑起了真假双核CPU的言论。一石激起千层浪，这个言论引起了网友的广泛关注。

2006年，Intel毅然放弃了长达6年的NetBrust微架构，采用了笔记本上注重能耗比的Core架构，推出Core2系列，大获成功，迫使Athlon64 X2的价格一夜骤降千元。同一年，Intel还推出了首款四核Core 2 Quad，比AMD领先将近一年，不过非原生设计，是由两颗Core2双核整合而成。一年后，AMD的Phenom X4"真"四核推出，但性能却比不上Core 2"假"四核，这样也就

Intel 公司

Intel 公司是全球最大的半导体芯片制造商，它成立于1968年，具有40多年产品创新和市场领导的历史。1971年，Intel 推出了全球第一个微处理器。微处理器所带来的计算机和互联网革命，改变了整个世界。

▼ AMD K5处理器

AMD-K5™
PR133
AMD-K5-PR133ABR
B 9706BPV
ⓜ © 1996 AMD
66MHz Bus 3.52V
HEATSINK AND FAN
Designed for
Microsoft
Windows 95

25676

AMD 公司

AMD 是一家专注于微处理器设计和生产的跨国公司，总部位于美国加州硅谷内森尼韦尔。AMD为电脑、通信及消费电子市场供应各种集成电路产品，其中包括中央处理器、图形处理器、闪存、芯片组以及其他半导体技术。

挑不起真假四核的言论了，真假之争告一段落。

其实真假何必多论，对用户来说性能好才是真的好。到了2008年，AMD推出了独家、首款三核处理器，"以三打二"，在多线程、多任务方面表现出其多核的优势。但是其频率设定较低，在不支持多核的应用中惨败于Core2，一时之间，网络热议"三轮脚踏车不敌双轮大摩托"，大有起哄之势。但是从长远意义上说，AMD的三核战略是正确的，如今，其在主流市场上的强力武器就是三核Athon II X3。

2008~2010年，Intel发布Corei3/i5/i7，淡化CPU核心数，不再以此划分CPU等级，而AMD继续其多核战略，所以对比当前Intel和AMD的CPU性能，倒不能只看核心数了。

但核心数的竞争也并未结束，2010年两家公司都发布自家的六核CPU，随之而来的必将是八核CPU。目前来看，性能好的"宝座"仍然是被Intel稳稳占据着。

◀ Cyrix MII处理器

第二篇
网络通天下

什么是电脑网络

人机争霸——计算机与网络

在一次春节晚会的小品中，有一段有趣的对话，甲问："你上网不？"乙答："多少年不打鱼啦，哪来的网啊？"全场爆笑。显然乙是个"网盲"。那你是不是"网盲"呢？是，也没关系，看完本文你就不是啦。

连接电脑的介质和连接城市的道路发挥一样的作用

电脑网络是美苏冷战的产物？

20世纪60年代初，古巴核危机爆发，美国和苏联之间的冷战状态随之升温。随后，越战爆发。由于美

小品中说的"网"就是指电脑网络，通俗一点说，网络就是很多电脑通过一定的方式连接到一起，并且能够彼此交换信息的工具。

网络就像现实生活中的交通网一样。在电脑网络中，电脑之间的连接需要介质来实现，这种介质起的作用和连接城市的道路是一样的。它和通信网中的传输线路一样，起到信息输送和设备连接的作

用。电脑网络的连接介质种类有很多，分为电缆、光缆等"有线"介质，还有卫星微波等"无线"介质。

主机在电脑网络中的作用就如同道路连接的城市一样重要，它起着存储、中转信息、运行应用程序的作用。主机和终端机的概念容易混淆，终端机是用来接收和传送信息的设备。一个键盘和一个显示器就可以构成终端机，而主机是用来运行程序的，需要相关的硬件和软件。主机和终端机的关系就好比大脑和耳朵、嘴巴的关系，主机就如同大脑，键盘好比耳朵，显示器就像嘴巴，大脑负责处理信息，耳朵摄取信息，嘴巴输出信息。

国联邦经费的刺激和公众恐惧的心理作用，"实验室冷战"也开始了。人们认为，科学技术上领先与否，将决定战争的结果。而科学技术的进步依赖于电脑领域的发展。到了60年代末，电脑中心互联以共享数据的思想在美国得到了迅速发展，为电脑网络的产生奠定了思想基础。

RENJIZHENGBA——JISUANJI YU WANGLUO

▲ 一个键盘和一个显示器就可以构成终端机

未来的电脑网络

随着航天技术的发展，网络卫星全球无线上网传输将会成为现实。到那时候，在世界任何一个地方，无论是深山老林，还是浩森的大洋，只要你有一台电脑，就可以瞬间接入 Internet，而且网速能达到现在的几十倍甚至上百倍。

电脑网络的运行要遵循网络协议，网络协议是电脑网络的灵魂。它如同现实生活中的交通规则，只有大家都遵守了交通规则，道路才能畅通无阻。电脑网络也一样。每一种电脑网络，都有配套的网络协议支持着。现在的电脑网络种类很多，因此，现有的网络通信协议的种类也很多。典型的网络通信协议有开放系统互联协议等。在这其中，TCP/IP协议是最为常见的，它是为联系因特网、互联网的各种网络而专门设计的通信协议。

随着电脑技术的发展，网络的功能也在日益增强，现在的网络不仅能传送数据、

信息，而且还可以传送多媒体信息。同时现在电脑网络也越来越人性化，它的功能也深入到了人们生活的方方面面。

▼ 校园网主要为学校的师生服务

电脑网络的类型及分类

广域网可以覆盖全球

如果你了解网络的分类方法和类型特征，也就熟悉了计算机网络。

在听到因特网、星型网等名词时，你想到了什么？你知道它们表示什么吗？又是怎样分类的？下面就介绍一下常见的网络类型及分类方法。

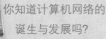

你知道计算机网络的诞生与发展吗？

世界上第一个公认的、最成功的远程计算机网络是在 1969 年建立的，20 世纪 60 年代中期之前的第一代计算机网络是以单个计算机为中心的远程联机系统。当时的一台计算机和全美范围内 2 000 多个终端组成的飞机定票系统

从不同的角度来说，计算机网络有着不同的分类。

按照网络的地理位置分类，可分为局域网、城域网和广域网。

局域网限定的范围最小，最大不超过10平方千米，比如在学校内、网吧内玩的联机游戏都是通过局域网，比局域网范围大一点的是城域网，限定在一个城市的范围内大约10~100平方千米。最为我们所熟悉的广域网覆盖的范围是最大的，它跨越国界洲界，在全球范围内连接着我们，增进着世界的交流。这三种网络之间互有联系，我们知道，局域网是城域网和广域网的基础，而城域网一般接入广域网，如果你对广域网不太清楚，那没关系，你最熟知的因特网是广域网的典型代表。

按照传输介质分类，网络可分为有线网、无线网。

有线网的连接有三种。分别为采用同轴电缆、双绞线和光导纤维。同轴电缆很常见，它的优势在于成本相对低廉，但是它的缺点也是显而易见的，传输率和抗干扰能力一般，传输的距离也有限。目前双绞线网最为常见，正如一个人的两面性，它的优点

就是它的应用。兴起于20世纪60年代后期的第二代计算机网络是以多个主机通过通信线路互联起来，为用户提供服务；20世纪70年代末至90年代的第三代计算机网络发展迅猛，应运而生了两种国际通用的最重要的体系结构，即 TCP/IP 体系结构和国际标准化组织的 OSI 体系结构。

▼ 有线网

什么是星型网？

星型网（star network）是指网络中的各节点设备通过一个网络集中设备连接在一起，各节点呈星状分布的网络连接方式。我们可以这样理解，星型是局域网的一种典型的拓扑结构，它是常见的，例如学校机房里的网络一般都是星型结构，就是把所有的主机都连接在一台交换机上。

和不足同在，接入的成本较为低廉，但是容易受到干扰，传输率也不高，传输的距离甚至不如同轴电缆。

光纤网，是用光导纤维做传输介质的一种有线网，它的优势显而易见，传输距离长、传输率高、抗干扰性强，不会受到电子设备的监听，是高安全性网络的理想选择，不过价钱高，安装也需要一定的技术，这使它有一定的局限性，目前正在普及中。

无线网是一种由空气作传输介质，电磁波作为载体来传输数据的网络。就目前情况来说，无线网联网费用较高，还不太普及。但无线网的联网方式灵活方便，是未来民用网络发展的主流方向。

按照使用目的来分类，网络可以分为共享资源网、数据处理网、数据传输网。共享资源网，顾名思义是使用者可共享网络中的各种资源，比如文件、扫描仪、绘图仪、打印机以及各种服务。我们常说的因特网就是其典型代表。数据处理网则是用于处理数据的网络，有科学计算网络、企业经营管理网络等等。数据传输网则是用来收集、交换、传输数据的网络，如情报检索网络等。随着网络技术的发展，因特网成了这些种类网络的集大成者，以上提到的功能都可以通过因特网来实现。

此外，网络按照不同方式还有不同的分类，如按网络的拓扑结构可分为星型网络、环型网络、总线型网络、树型网络等；按通信方式不同把网络分为点对点传输网络、广播式传输网络；按服务方式分类，可以把网络分为客户机/服务器网络、对等网络等等。

除此之外，还有一些非正规的分类方法：如企业网、校园网，根据名称便可了解其功能了。

◀ 无线网让你随时随地畅游因特网

电脑网络的功能

古代印度人曾经幻想一种因陀罗网，在每一个网结上都是一颗闪光的宝珠，每一颗宝珠上都反射出其他所有宝珠的影像，这些影像因此变得无穷无尽。现在的电脑网络似乎已经实现了古代印度人的幻想。

资源共享对现代人来说有非常重要的作用

网络打印的优势

与一般打印相比，网络打印不需要另外配置一台电脑作为打印服务器，只需具有网络端口的打印机，将

"最缺氧气筒和氨基酸、消毒液、青霉素和一次性手术刀……，"这是玉树救灾期间网络上的一则新闻，当时灾区的需求被迅速在网上传播，各地的捐助物资也不停地输送到玉树。远离震中的亿万网民通过互联网也在时刻关注救灾的进展，消息以第

一时间在网络中传递。网民通过网络展开一场网络救援。种种现象都显示出网络在救灾中发挥了重要作用。那么电脑网络除了能为救灾提供帮助外，还具体有哪些功能呢？

电脑网络的基本功能是资源共享和通信。资源共享对现代人来说有着非常重要的作用，比如学生，现在很大程度上都需要通过电脑网络的资源共享功能来获取自己所需的知识和数据。作为反面情况，作业抄袭、考试作弊也都依赖于网络。

除了信息、数据的共享之外，还有电脑网络的

其中一端插入打印机，另一端插入交换机就可以了。网络打印还可以把打印速度成倍提高，提高打印质量，它的优势在于易于管理，成本较低，共享更彻底，工作也更可靠，打印位置还更灵活，支持远程打印和支持不同协议文件的打印。

RENJIZHENGBA —— JISUANJI YU WANGLUO

▼ 电视会议

软件和硬件的共享,这种共享不但可以使网络的使用者节省大量开销,而且低碳、环保,真可谓一举两得。

通信是电脑网络最基本的功能,大部分网民都对此得心应手。现在大多数人都有自己的电子邮箱、自己的聊天工具,往往还不止一个。电脑网络早已成为人与人之间交换信息和交流思想感情的重要平台之一。

电脑网络的通信功能除了收发电子邮件和供人聊天之外,还有很多,其中包括信息查询与检索、文件传输与交换、电子数据交换、远程登录与事务处理、电子公告牌、信息广播和点播、远程教学、远程医疗、电视会议、可视电话、监视控制、虚拟现实、办公自动化以及管理信息系统等等。

通信和资源共享只是电脑网络最重要和最基本的功能,实际上电脑网络的功能远不止这些。随着网络技术和网络社会的发展,电脑网络的功能也会得到进一步的扩展。未来电脑网络将走向何处呢?总的来说,它的发展呈现出高可靠性、多媒体化、协同计算等趋势。多媒体已经在通信领域粉墨登场,这些都是电脑网络未来发展的显著特征。由于局域网传输速率和个人电脑处理速度的迅速提高,电脑网

人机争霸——计算机与网络

虚拟商场知多少?

虚拟商场是按照现实生活中的商城场景、商城的经营形式,以计算机三维技术、网络技术、在线支付等技术手段在网络上搭建的虚拟购物中心,但是作为网络实现的虚拟商城,又不仅仅是现实的简单复制,而是继承了会员制商务平台的供求商机、商品展示、在线订单等在线数据交互功能,并以VR技术为核心,融合了好友成群、语音视频交流、银行接口等服务功能,打造了一个"一切皆三维"的网络数字化立体商城。

络多媒体的应用也越来越丰富。人们建立多媒体化的数据库，把网页多媒体化；建立多媒体办公自动化系统，召开多媒体会议系统；还在网上开设虚拟商场、虚拟企业，等等。

▼ 远程医疗诊治

局域网与因特网的区别

在了解了计算机网络的基本概念，了解了局域网、城域网以及广域网之后，我们不妨再来比较一下，局域网与因特网究竟有什么区别？

局域网广泛应用于办公室自动化

让我们从概念、特点以及覆盖范围三个方面来进行比较。

从概念上来讲，局域网是指在某一区域内由多台计算机互联而成的计算机组。而因特网是一组全球信息资源的总汇。因特网基于一些共同的协议，并通过许多路由器和公共互联网组成，是一个信息资源共享的集合。

从各自的特点来说,局域网有以下特点:

1. 覆盖范围一般在几千米以内。

2. 采用专用的传输媒介来构成

网络,传输速率在1兆

比特/秒~1000

兆比特/秒或

更高。

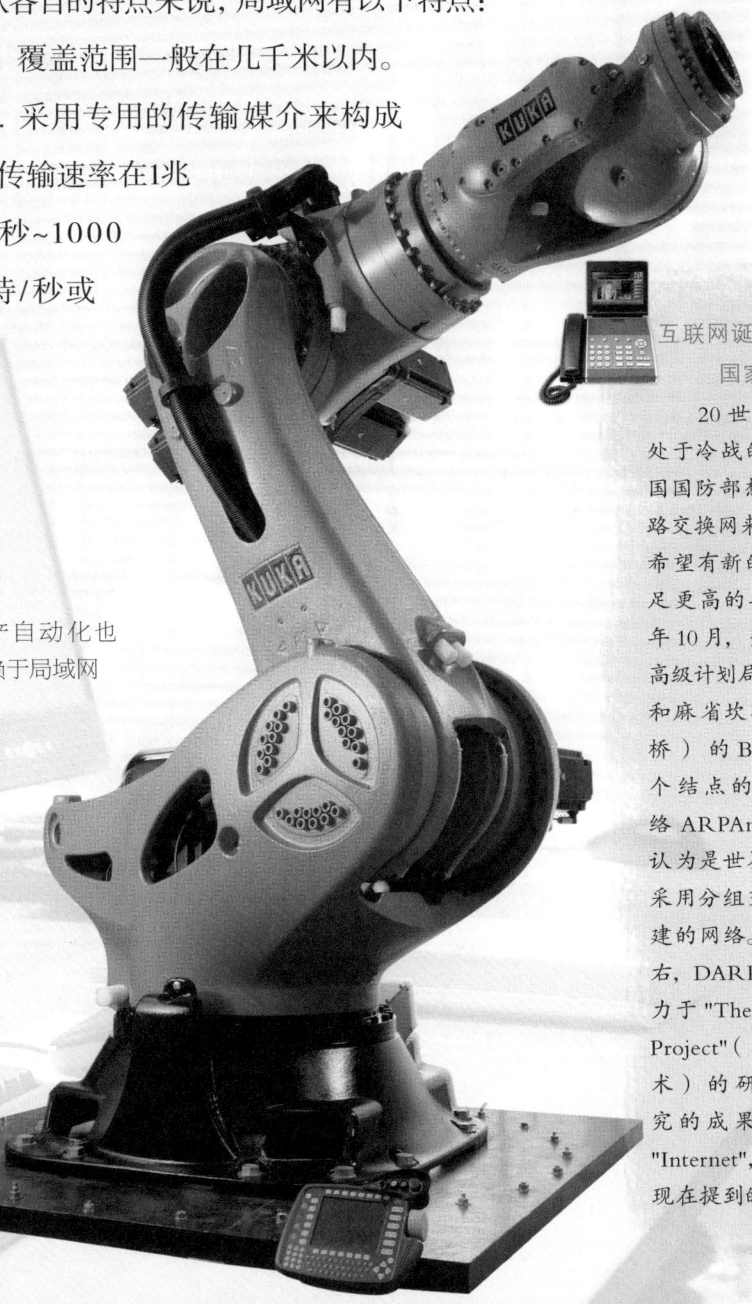

▶ 生产自动化也
有赖于局域网

互联网诞生在哪个
国家?

20 世纪中期,正处于冷战的高潮,美国国防部想要利用电路交换网来传输信息,希望有新的网络来满足更高的要求。1968年10月,美国国防部高级计划局(DARPA)和麻省坎布里奇(剑桥)的 BBN 公司 4 个结点的试验性网络 ARPAnet,被公认为是世界上第一个采用分组交换技术组建的网络。1980 年左右,DARPA 开始致力于 "The Interneting Project"(互联网技术)的研究,其研究的成果被简称为 "Internet",就是我们现在提到的因特网。

信息随身化、便利走天下——无线局域网

相比较有线局域网,无线局域网拥有以下几个优势:

1. 无连线,使用方便,如在家里、经常移动办公的场所等。

2. 扩展性强,新设备接入不用太多操作。

3. 减少布线,相应地减少了接线的故障。

3. 多台(一般在数十台到数百台之间)设备共享一个传输媒介。

4. 网络的布局比较规则,在单个局域网内部一般不存在交换节点与路由选择问题。

5. 局域网目前广泛应用于办公室自动化、生产自动化和信息处理系统中。

我们再来看看因特网的特点:

1. 它是一个全球计算机互联网络。

2. 它是一个巨大的信息资料库。

3. 最重要的是因特网是一个大家庭,有几亿人参与,共享资源。

总体来说,两者最主要的区别是包括的范围大小不同。局域网与因特网都是某个范围的网络,前

▲ 因特网是一个全球性的大家庭

者地理覆盖范围很小，后者覆盖全世界；前者结构相对简单，后者则需要众多大小网络节点的支撑。

可以简单地理解为：局域网就是在一个有限的范围内的电脑的一种交互联系，因特网则是在全球范围内的局域网的集合。

黑客的真实面目

网上流行这么一段电脑黑客和电脑"白痴"的对话。

小白：听说你会制造"病毒"？

黑客：嗯！

小白：你可以控制别人的电脑？

黑客：一般是的。

小白：那你可以黑掉那些网站吗？

黑客：当然，没听到人家叫我"黑客"吗？

小白：哦！我还以为那是因为你长得很黑……

黑客擅长利用电脑搞破坏或搞恶作剧

1998年日本出版的《新黑客字典》对黑客的解释是这样的："喜欢探索软件程序奥秘，并从中增长其个人才干的人。他们不像绝大多数电脑使用者

"黑客"（hacker），源于英语的"HACK"，在20世纪早期美国的校园语中是指手段巧妙、技术高明的恶作剧，也可理解为"干了一件非常漂亮的工作"。后来传到计算机领域，就变成了热心于计算机技术、水平高超的电脑专家，尤其是程序设计人员。

但是现在，"黑客"一词泛指那些专门利用电脑搞破坏或搞恶作剧的家伙。这些人的正确英文叫法是"Cracker"，翻译成"骇客"。由于在中文媒体中，"黑客"的这一层意义已经约定俗成，所以沿用了"黑客"的叫法。

这些黑客，常常攻击个人计算机和国家的计算机系统，对私人信息安全和国家安全都构成

那样，只规规矩矩地了解别人指定的范围狭小的一部分知识。"

真正意义上的黑客，他们不会胡乱攻击别人的电脑。有自己的组织，并且经常召开黑客技术交流会；而且他们在自己网站上介绍黑客攻击手段等，对网络的发展有一定的积极意义。

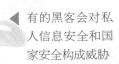

▶ 有的黑客会对私人信息安全和国家安全构成威胁

肉鸡：在电脑世界中，肉鸡可不是吃的鸡，它是指被黑客攻破、种植了木马病毒的电脑，黑客可以随意操纵它，并利用它做任何事情。你的计算机变成肉鸡后，你的信息就可以被黑客卖掉，如果落入了不法分子手中，他会利用你的电脑做违法的事情，而你却可能要承担责任或蒙受损失。所以，千万注意电脑安全！

了威胁。

美国国防部曾进行了一次试验，让一个通晓计算机技术的年轻军官利用一台普通电脑和一个调制解调器，潜入世界上最强大的美国海军战舰的计算机系统的核心区域，而舰长竟对军舰的指挥权旁落浑然不知。紧接着，隐藏在电子邮件信息中的木马在各军舰计算机中不断复制，目标军舰一艘接一艘地拱手交出指挥权。整个海军战斗团队就这么被人通过一根电话线操纵了。照这样说，这些技术要是被不怀好意的人掌握了，后果的严重性将不可估量。

当然，每个人都不想成为黑客攻击的对象，其实我们很多时候中了黑客的招还不自知，变成了"肉鸡"还傻傻地问："我的电脑怎么这么慢呢？"

下面我们就来看看黑客是如何攻击用户电脑的，然后根据他的行动，我们"见招拆招"。

一般来讲，黑客攻击的流程大致如下："确定目标的IP 地址"→"扫描开放的端口"→"破解账号和密码"→"实现目的"。

知道他们的手段后，我们开始对症下药。

首先，把自己的IP给隐藏起来，关闭掉不必要的端口，这样的话，黑客就找不到目标，只能束手无策了。然后，为了巩固效果，再加一层防火墙和杀毒软件，如果黑客偶然通过我们开放的端口闯进来，我们的防火墙和杀毒软件的功能就奏效了，黑客只好乖乖退出你的电脑了！

　　但这些都仅仅是防御措施，要真正防止黑客，还得注意避免访问一些来源不明的网页，别轻易点开别人发给你的链接，否则，一旦被植入木马，没有很强的杀木马软件，是难以把黑客的"触角"给斩断的。

▼ 学会保护你的电脑

从有线宽带到 3G 上网

你曾为有线宽带的网速慢得像蜗牛爬行一样而烦恼过吗？你曾因上网上到兴起之处突然断线而焦急过吗？你曾因网络错综乱杂的线缆而束手无策，倍感无奈吗？如果答案是肯定的，那么就让我来告诉你：一种全新的引领时尚生活潮流的网络时代即将到来——3G。

有了3G，你可以通过手机上网

中国的3G之路才刚刚开始，最先普及的3G应用领域是"无线宽带上网"，可以让六亿的手机用户随时随地使用手机上网浏览网页获取信息，摆脱了不能随时上网的烦恼。而由此趋势来看，以无线互联网为主要经营的流媒体业务将取代老式媒体

人类文明的自然生成过程历经了上万年，从最初的口口相传到纸的出现、印刷术的发明，人们不断用智慧来创造文明，并通过不同的手段使其得以薪火相传。漫漫长远的未来人们仍将用其智慧挥洒下不凡的篇章，使整个世界的交流不因高山海峡的阻隔而中断，反而紧紧地相连在一起，整个世界逐渐融为一体。

今天，人们实现了地球村的伟大创想。电脑从诞生至今仅有不到一百年的历史，其作用却震撼了整个人类社会，网络技术为人类带来的价值无法估量。更让人匪夷所思的是，当有线宽带才刚走进寻常百姓家时，科技的脚步已不安于现状，于是一个新的通信技术已悄然诞生——3G，它正悄悄改变着人们的生活，因此3G理所当然地就成为我们最"熟悉的陌生人"。之所以熟悉是因为它是一种类似有线宽带的技术，之所以陌生是因为它具有无可比拟的优势，而这种优势人们不曾接触过。如今，3G成为通讯技术的"巨无霸"，以其超然的优势引领着整个网络时尚潮流。从宽带到3G上网，仅仅不到二十年的时间。以如此之快的速度不断地更新着，如果把网络领域说成日新月异也毫不夸张。

　　3G是英文3rd Genneration的缩写，是第三代移动通信技术的意思。一般地讲，是指将无线通信与国际互联网等多媒体通信结合而成的新一代移动通信系统，是手机与上网结合的产物。它能够处理图像、音乐、视频流等多媒体形式，提

的通讯手段而成为行业主导。3G的应用领域也在不断扩大，其核心应用包括：宽带上网、视频通话、手机电视、无线搜索、手机音乐、手机购物、手机网游，几乎遍布整个娱乐空间。

▼ 便捷性是3G最大的优势

不远的未来，3G的某些优势已不能满足社会齿轮高速运转的需要，4G将会顺时代的要求应运而生，目前对主流4G的技术已经进行了测试。不久将会投入使用，相信4G通信世界会是一个比3G通信更完美的、充满奇幻的无限新世界，它的传输速率更快，网络频谱更宽，兼容性更好。它将创造出更多消费者难以想象的应用功能。

供包括网页浏览、电话会议、电子商务等多种信息服务功能，人们可以随意选择。

第三代移动通信的主流标准主要有三种。第一种是CDMA2000EV-DO，即码分多址分组数据传输技术，由美国高通公司提出，但全球漫游能力一般，主要的商用网网络在美国和韩国。其次是TD-SCDMA，即时分同步码分多址技术，1998年大唐通信向ITU提交了TD-SCDMA提案，2000年5月，TD-SCDMA正式被批准为第三代移动通信国际标准（空间接口技术标准）。第三种是WCDMA，即宽频分码多重存取技术，WCDMA由欧洲提出，有较高的扩频增益，发展空间较大，全球漫游能力最强，技术最成熟。

较之有线宽带，3G的最大优势首先是便携。只要有手机网络覆盖的区域，人们可以通过手机客户服务终端，或者笔记本终端登录互联网进行网上冲浪。其次是网络传输速度得到高度提升，传输速度快到可以支持可视通话。第三，从各电信运营商纷纷大幅下调无线上网资费可以看出，未来的3G资费标准将会与有线宽带资费无明显的差距，也有可能低于有线宽带资费，成为通讯技术界的霸主。某电信公司甚至曾推出每天1元不限流量上网资费的优惠活动，按照这个资费标准，3G网络资费标准远远低于有线宽带资费标准，3G普及世界将不再是梦，3G走入

千家万户将会成为现实。

　　自古以来，"运筹帷幄之间，决胜千里之外"，一直是常人送给智者的美称及赞叹之情，也是每个人都渴望拥有的一个梦想。今天，3G为我们搭建的新时代信息通道，让这种梦想开始变为现实，成为触摸得到的幸福。人类不断地在网络上求异创新，不断地披荆斩棘一步步向互联网迈进，从而引发了新一轮的信息革命，这场革命正是以3G为主角引领网络时尚潮流。从此沟通无障碍，生命也变得靓丽多姿。

▼ 即便没有因特网连接，3G也能让你网上冲浪

3G 上网，如何节约小钱包

相对于 2G，3G 在传输声音和数据的速度上大大提升，能够在全球范围内更好地实现无线漫游，并处理图像、音乐、视频流等多种媒体形式，提供包括网页浏览、电话会议、电子商务等多种信息服务，所以更多的人选择了 3G 上网。但在国内，由于资费和流量的限制，很多人还不能畅快浏览网页、下载视频。按照现有的流量限制，很多人会不知不觉地超支，等到发现的时候为时已晚，白花花的银子已经掉入了运营商的口袋。到底有什么好方法可以节省 3G 上网费用呢？

3G还能够提供电话会议服务

前面我们讲到3G（3rd Generation）是指第三代通信网络，目前国内支持国际电联确定的三个无线接口标准，分别是中国电信的CDMA2000、中国联通的WCDMA、中国移动的TD-SCDMA，这些通信公司都是引领我国通讯事业的强大企业。但3G可不是只针对手机上网这一片领域，其实，各个公司为了顺应市场需要及行业竞争都开通了3G电脑上网，其步骤很简单，只需要一个小巧的3G上网卡，依托三大通信商覆盖全国的信号塔，电脑也能像手机一样高速无线上网了！

目前，3G上网的资费相对于有线宽带上网要贵很多。使用3G手机上网，即使是使用了通讯商为赢取回头客而推出的优惠套餐，其费用也不会少到哪去，每个月至少也要好几十块，所以更别说浏览信息量要大很多倍的电脑了。那么我们怎样才能在保证自己上网需求的基础上节省流量呢？

为什么要使用套餐？这是因为单纯按照流量算非常贵，因此通信商为了赢取更多客户的芳心制定了各种优惠套餐，相比之下资费会优惠不少。

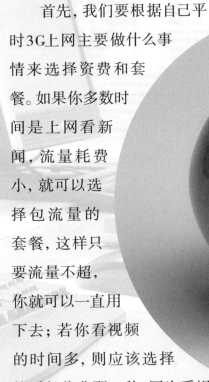

▼ 教你精打细算用3G

首先，我们要根据自己平时3G上网主要做什么事情来选择资费和套餐。如果你多数时间是上网看新闻，流量耗费小，就可以选择包流量的套餐，这样只要流量不超，你就可以一直用下去；若你看视频的时间多，则应该选择按时长收费那一种，因为看视

电脑上使用的3G上网卡实际上就是3G信号的调制解调器。目前我国常见的3G上网卡是对应于三个无线接口的：CDMA2000、TD、WCDMA无线上网卡三类。

频是一件很费流量的事情。尤其重要的是，我们需要选择通信商，看谁更价廉物美。做完这一些外在准备后，我们就要注意内在细节了——细节决定金钱呀！

要注意哪些细节呢？现在就由我来告诉你吧，不知你曾经注意过没有，当我们在上网"杀"得天昏地暗的时候，电脑的右下角或中间常常弹出一个对话框告诉我们"正在下载更新"；杀毒软件也常常跳出窗口提醒说"病毒库正在更新"。你知道吗，这种更新是非常费流量的，它们会下载很多很多文件和程序，随便一点，就能把你钱包掏空，不知道的外行人还会无辜地捶胸向天发问："为什么啊，我的钱跑哪去啦？"宽带上网纵然是好，但是在流量计费的3G世界，我们得节省开支呀，要节省，我们就得对症下药。

1. 关闭系统自动更新功能。目前大部分用户使用的Windows操作系统具有自动下载系统更新程序的功能，如果微软推出了新的更新程序，只要连在网上，电脑就会自动下载下来，有的更新程序数据量还不小，而且下载的时候会占用一部分带宽网速，使上网速度变慢，有时还不能正常浏览其他网页。所以我们在使用3G上网前可以预先手动操作，先关闭系统的这一功能，等到接入有线宽带时再打开。

2. 关闭杀毒软件的病毒库自动更新功能。目前主流的杀毒软件都提供病毒库在线更新功能，也会耗费不少流量并且影响速度，同样建议在用3G上网前关闭此功能，等有线宽带接入时再启用。

3. 关闭网页中的多媒体项目。网页中的图片、动画等占用的流量相当大，如果不是特意去看的话，可以让网页不下载这些项目。

用以上方法后，结账时你一定会惊讶地发现，那些曾经不明不白的费用没有了！我们真真正正地可以畅游3G网络世界了！

▼3G上网看视频很费流量

网络引发的教育革命

十几年前，人们还在怀疑是否可以通过网络像传统教育那样上学，现在每个人都知道答案——当然可以。现在我们已经通过网络形成了四通八达的网络教育。网络教育不仅能使孩子随意选择自己喜欢的学校，

还能拥有一位学识渊博、经验丰富的老师，弥补了传统教育存在的某些弊端。网络教育在解决教育资源贫乏，实现资源共享方面发挥了重要作用，已经形成全球性发展的大趋势。

网络引发了教育革命

中国的网络教育正处于迅速发展阶段，根据教育部高教司的数据统计显示：我国网络教育在1998年起步时全国仅有学生2931人，1999年达到3.2

早在1996年，美国率先发展网络教育，美国西部10个州共建"网上大学"，学生通过联网的电脑上课，最后通过电子信箱颁发毕业证书。这个大学的首批学生，从1997年开始在家中的"电子教室"上课，而不用亲自到校园中去，免受舟车劳顿、风吹日晒之苦。在这所网上大学，学生通过电脑网

络从学校、图书馆、信息中心获得学习材料。作业和学期论文也通过电子信箱传送给教师。教师和学生除了通过键盘、语音联系外，还可以通过网络视频会议见面，种种复杂过程无需学生和老师面对面完成，仅需一台联网的电脑。这是网络教育的最初阶段。

近年来，迅猛发展的多媒体技术，为网络教育提供了先进的声像技术手段，使网络教育跨入了一个崭新的阶段。多媒体技术能把文字、图表、声音、动态或静止的图像融合在一起，形成形象生动、逼真的教学软件，使学生的学习效率大大提高。有人把

万人，2003 年已经达到 230 万人，发展速度非常之快，表明我国网络教育的规模在不断扩大。我国很重视发展网络教育，将其作为解决我国目前教育资源短缺、构建我国终身教育体系的有效途径。随着新技术、新媒体的发展，网络教育还将有更大的发展空间。

▲ 学生通过网络获得学习材料

人机争霸——计算机与网络

网络教育是远程教育的现代化表现形式。迄今为止，远程教育经历了三代历程：传统的远程教育、广播电视远程教育和网络教育。因此网络教育又被称为"第三代远程教育"。网络教育具有五大特色优势：资源利用最大化、学习行为自主化、学习形式交互化、教学形式个性化、教学管理自动化。

一个优秀的多媒体教学软件，比作一位能说会道、能唱会画、多才多艺的特级教师，这种比喻一点也不为过。

互联网和多媒体技术的普及，使整个社会形成了一张巨大的信息网，网络教育也在这张"网"上悄然而起，方兴未艾。

互联网使得先进的教学资源突破地域的空间，得到了共享，并且形成了形式多样、内容丰富的现代网络教育。网上大学得到了发展并逐渐完善，改变了现行教育模式，在培养创新人才和重视学生个体独立性发展方面，具有独到之处。

网上大学虽然不能提供传统大学的氛围，却具备一些传统大学无法比拟的优势。远程教学能将大部分教学时间用于学生独立的学习活动和研究活动，讲授的时间大幅下降。同时，学生知识的获得和合理的智能结构的形成，主要依靠学生自己独立的学习和研究，给予学生更多的实践操作时间。

网络教育的另一个优势，是给予全体社会成员更加平等的受教育机会，即便是八十岁的老太太，打开电脑学习耶鲁大学的公开课程也不是难事。

电脑网络的发展，使网络教育实现了跨越式的发展。"不出家门也可以上大学，不出国门也可以留学"，通过与电脑相连的电脑网络取得毕业证书，已成为现实。同时，由于网络的开放性，网络教育使未

来大学走向普及。大学的地域性将消失，网上教学论坛将成为教育的"中心校园"，如果某一论坛拥有众多的优秀课程，无疑会成为全球学科和科研交流的重要枢纽。未来的大学，将是网络学科和科研交流的中枢，将根本不存在地域的划分。

▼ 在家也能上大学

RENJIZHENGBA——JISUANJI YU WANGLUO

可视电话，天涯咫尺

普通电话"只闻其声，不见其人"

"每逢佳节倍思亲"，每到佳节时我们总会想起远方的亲人，想知道他们现在正在做什么，是否也在做跟我们一样的事情,过得开不开心。这时我们可能会想如果能通过电话和亲人面对面地聊天那该有多好啊!

网络可视电话是一种基于网络传输，集视频、语音于一体的多媒体通信业务，用户进行语音通话的同时，通过终端的屏幕看到对方的视频图像，同时将自己的本地图像传输给对方的一种功能。网络可视

网络可视电话的出现改变了"只闻其声，不见其人"的传统通信方式，满足了我们的愿望。可视电话是利用电话线路实时传送人的语音和图像(用户的半身像、照片、物品等)的一种通信方式，它使远隔千里的人们不用坐在一起，却能既闻其声，又见其面，达到身临其境"面对面"的交流。

只要通过两部可视手机，分别位于两地的两位用户可以清晰地看到对方，并与对方的影像"有声

有色"地交谈，第一时间让父母朋友看到你的生活环境及状况，距离不再是问题。如果说普通电话是"顺风耳"的话，可视电话就既是"顺风耳"，又是"千里眼"了。

随着科技的迅猛发展，科幻小说、科幻电影中很多最初的构想正逐渐变为现实。网络可视电话的出现引领了一场通信革命，被广泛应用于社会的各个领域，取得了显著成效。

地球变得越来越小，而且有了一个很有趣的名称——地球村。人员的地

电话是基于 VoIP 技术的语音、视频通信软件，与语音交换服务器、电话网关和接点交换服务器构成完整的语音、视频通信平台。网络可视电话使用很方便，用户只需配上摄像头及麦克风，接入网络就可以享受"面对面"的交谈。完全不受时间和空间的限制，只要你愿意，和朋友相见是随时随地的事情！

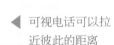

▶ 可视电话可以拉近彼此的距离

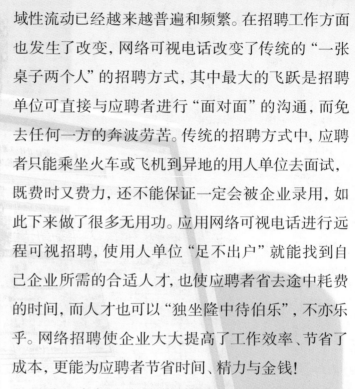

VOIP 技术

VOIP 又称 IP 电话或 IP 网络电话，是 Voice Over IP 的缩写，这种技术通过对语音信号进行编码数字化、压缩处理成压缩帧，然后转换为 IP 数据包在 IP 网络上进行传输，从而达到了在 IP 网络上进行语音通信的目的。

域性流动已经越来越普遍和频繁。在招聘工作方面也发生了改变，网络可视电话改变了传统的"一张桌子两个人"的招聘方式，其中最大的飞跃是招聘单位可直接与应聘者进行"面对面"的沟通，而免去任何一方的奔波劳苦。传统的招聘方式中，应聘者只能乘坐火车或飞机到异地的用人单位去面试，既费时又费力，还不能保证一定会被企业录用，如此下来做了很多无用功。应用网络可视电话进行远程可视招聘，使用人单位"足不出户"就能找到自己企业所需的合适人才，也使应聘者省去途中耗费的时间，而人才也可以"独坐隆中待伯乐"，不亦乐乎。网络招聘使企业大大提高了工作效率、节省了成本，更能为应聘者节省时间、精力与金钱！

对于政府机关，网络可视电话可用于电视电话会议、情况汇报和部门之间协调，节约差旅时间和费用，及时性不断提高，从长远看则可以提高办公效率，有助于部门之间的及时沟通，以便问题的及时解决。

对于医院、学校，网络可视电话将为远程医疗、远程教育提供更多方便。患者在异地接受治疗，免去劳累奔波之苦，亲属可以通过网络可视电话探访病人，以便知道其身体状况及恢复情况。在"非典"期间，网络的远程医疗功能得到印证。医院还可以利用网络可视电话开展远程医疗，供异地专家、教授研究诊断。

　　此外，军队、铁路、航空等各个领域，都有网络可视电话的用武之地，它能给工作带来很多方便。

　　任何距离都不是距离，一切近在咫尺。变天涯为咫尺，集四海为一家。随着人们对快捷、先进、实用通信方式的需求和不断追求，可视电话将发挥其更大的发展潜力，服务于社会，满足社会提出的更多要求。按此趋势不断发展，未来几年之内，可视电话将会迈入寻常百姓家，为更多的老百姓带去方便。

▼ 电视电话会议

宅人与网购

网上购物正以一种新兴产业的态势风靡网络市场，越来越多的人上网是为了购物。想购物却担心时间不够吗？想购物却担心没有精力吗？假期宅居怎样添置新文具？厌倦了讨价还价与东奔西走？如果你是个网购新手，如果你想掌握系统的网购技巧，下面的文字将满足你的需求，告诉你宅人如何网购！如何足不出户照样能淘到全球各地的好东西。

足不出户也能购物

网购热催生新职业
网络砍价高手

随着网购行业的不断壮大，出现了很多新的职业，例如网络砍价师、网络装修师、

首先，对于网购的行家来说，他们非常重视购物网站的信誉。我们可以在一些类似"网站之家"的网页上搜到需要的购物网站。要选择口碑好、信誉度高的网站，也可根据购物的种类选择不同的购物网站。例如购买图书可以去卓越网、当当网等；

购买服装、日用百货等商品可以选择浏览淘宝网、易趣网等；购买电器可以选择京东网、新蛋网等。

第二，注册网购账户。同时，可以使用支付宝、网上银行、财付通、支付宝网络购物支付卡等来支付，安全快捷。在目前情况下，货到付款仍然是最佳选择，毕竟一手交钱一手交货更安全。而选择开通网上银行的买家，应该注意安全，尽量不要选择

网络麻豆（模特儿），很受"80后"、"90后"年轻人的追捧。从事网络砍价师职业的"菜鸟"月薪都有两三千元，而资深的砍价高手月薪能达到五六千元。网络砍价师需要具备一定的市场营销经验，对自己要砍价的产品信息和相关市场动向要了如指掌，还要熟悉电子商务和基本网络技术。

◀ 选择口碑好的
购物网站

网购专家应对网购骗局的建议

第一招：查看网店资质，小心不良记录。

第二招：注意价格陷阱，明显低于市场均价的要小心。

第三招：查看最近是否有成交发货的记录。

第四招：注意付款方式，一定要经由结算平台付款，不要使用直接汇款。另外，提供货到付款是商家信心的表现。

第五招：查运输安全和售后服务。

有太多存款的银行卡开通，也不要选择可以透支的信用卡，以防发生意外情况，造成损失。我们应对网络银行诈骗提高警惕。

第三，选购商品。像淘宝网这样的综合网购门户，已经设立了淘宝商城之类的高信誉商家标志。我们要尽量选择信誉度高的卖家。不应为了贪小便宜而选择信誉度低的卖家购买，这样会使自己遭受损失。应该仔细查看过去买家对其卖家或商品的留言。选看一些关于商品的好评，着重了解中评。之所以着重了解中评，是因为网络上有一些为了各种原因刷好评，或者给恶意差评的买家。在选择信誉好的卖家的基础上，还需要买家慧眼识珠，排除虚假信息，选购到最适合的商品。

另外，在网络上购物毕竟不是第一眼就能看到实物。有些商品存在色差、拍摄角度等问题。要知道，实物图往往是经过美化的，而我们拿到实物时，可能会发现一些差别，难免心理会有落差。如果不是质量问题，或者实物与描述没有重大差异，建议愉快地接受。毕竟这只是网购带给我们方便的同时的一点小遗憾。但如果商品存在质量问题，或者卖家有意描述不符，我们还应勇敢地维护自己作为消费者的权益，与卖家沟通调换或者退款。如果遭到拒绝，可以对其店家进行投诉或要求退款，保住自己的辛苦钱才是硬道理啊！现在很多人在网购前先

去商场看看实物，未尝不是一个好办法。

第四，购买商品时，付款人与收款人的资料都要填写准确，以免收发货出现错误，造成损失。在网购时，最好先与商家进行沟通交流且对商品情况进行了解，防止断货。也要沟通好卖家发送货物用的快递，以免快递所运送范围达不到你所在地区，为了随时能关注物品的物流状况，你也可以上网搜索快递公司的服务网点。待到卖家发货后，我们就可以通过网络查看货物运送的进程。

▼ 警惕网络银行诈骗

信息战，不战而屈人之兵

孙子曰："运筹于帷幄之中，决胜于千里之外"；"不战而屈人之兵"，这是用兵之上策，是一场战争的最佳效果。千百年来这句良策不断被实践于战场，如今它又在一种新的战争中得以重现，这种战争就是信息战。

信息战也被称为计算机战

信息战使军队由"大象"变"猎豹"。信息战的产生改变了战争的形式，也许有一天，成千上万的士

信息战又称计算机战，是继陆战、海战、空战之后，当代及未来战争的又一个战争模式，最早在1991年的"海湾战争"后，由美国军方提出。随着时代的发展和科技的进步，信息战在未来战争中将扮演越来越重要的角色。军事专家们也预言：21世纪

的战争将会别开生面,信息战将唱主角。

作为现代战争的一种新的战争模式,信息战一旦打起来,就意味着要竭力去破坏和混淆敌对国家的视听。这种战争的手段非常灵活,既可以加强对敌对国家的宣传攻势,又可以通过破坏网络传输的方式去打击敌对国家的社会组织能力。有趣的是,越是先进的国家,人们对网络的依赖越是严重,因此,那些在网络方面领先的国家其压力更大,因为破坏网络要比维护网络容易得多。

在这种没有硝烟的战争中,电脑网络充当着极为重要的角色,拥有着强大的攻击力。情报刺探和

兵浑身披挂,豪情冲天地在沙场上浴血奋战的场景一去不复返,取而代之的是轻型化的、精简化的、机动化的军事力量,利用从卫星和战场传感器传输而来的实时信息,随时给敌人快速的一击。

▼ 美国军方在"海湾战争"之后提出信息战

信息战使"蚂蚁"绊倒"大象"成为可能。在充分利用信息技术的信息战中，一支轻型的、高度机动的小队，完全有可能击败一支数量庞大、装备笨重的队伍，而且，双方的有生力量都损失甚微。小规模的队伍之所以能取胜，是因为信息技术为他们做好了战前准备：军队能灵活调动；命令能及时传达，士兵的任务随时得到更新……这些优势使军队在战术上掌握了主动权，在战略目标上，又有高度统一的指挥。因此，他们胜利在握。

人机争霸——计算机与网络

病毒攻击是它的主要功能，因其隐秘性，又得了"黑色艺术"的雅称，一些发达国家已经亲自体会了网络攻击的巨大威力。

1999年"科索沃战争"中的网络攻防战就是个典型的例子：在北约空袭南联盟取得阶段性进展的同时，美国及北约的其他成员国遭到来自世界各地的计算机黑客攻击。地面上是轰炸与反轰炸的军事较量，网络上是黑客之间的"你来我往"，战争的阴云在因特网上广泛蔓延。那时，南联盟的网络事业落

▲ 信息战未能挽回南联盟的败局，但真实展现了其强大的威力

后，只有塞尔维亚一家官方的新闻社，势单力薄，寡不敌众。但是南联盟的黑客们却技术高超，他们向北约的网络发起反击，使北约许多网站的正常运作受到严重干扰，甚至陷于瘫痪状态，而北约成员国军事系统的计算机也未能幸免黑客的攻击。

虽然，信息战未能阻止北约对南联盟的狂轰滥炸，也无法挽回南联盟的败局，但却真真实实地展现了现代战争中信息战的作用，也推动了信息战未来的发展。

在"伊拉克战争"中，美军则进一步运用信息战，从卫星定位、侦测到网络攻击，立体化地进行信息攻击，几乎切断了伊拉克军队的有效组织。伊军陷入大脑指挥失灵的局面，难以对美军的地面进攻有效地进行防御反击。

显而易见，在一场旗鼓相当的战争中，如果其中一方掌握了信息战的主动权，那么这一方将很可能取得这场战争的胜利，并且能达到决胜于千里之外、不战而屈人之兵的效果！

人肉搜索，一种新情况

近年来层出不穷的网络事件把一种新型的网络工具——"人肉搜索"推向风口浪尖，慢慢地，人们对它的态度开始转变——由好奇转为理性，对"人肉搜索"加强监管甚至立法的呼声也越来越高，如何正确发挥网络搜索的作用，是对广大网民和管理者的一个严峻考验。

人肉搜索

反人肉搜索第一案

2008年4月17日，一名女白领的"死亡博客"引发网友对其丈夫王某及家人的"人肉搜索"，有网友将他们的个人信息披露于网络。王某以侵犯自己名誉权为由，将大

"人肉搜索"是一种以网络为媒介，旨在查找人物或事件真相的群众活动。它主要有两种途径，一种是借助人工方式对搜索引擎提供的信息进行逐一甄别；一种是通过知情人匿名或公开"爆料"的方式搜集信息。

"人肉搜索"兴起于猫扑论坛。在猫扑论坛上经常有人对自己感兴趣的问题进行提问,并以一定数量的Mp(猫扑虚拟货币)作为报酬,而那些经常回答问题挣取Mp的人则被称为"赏金猎人"。当有人提问时,赏金猎人们就会收集信息来回答,或者是知情者来爆料。最后,提问者得到了答案,赏金猎人得到了Mp,这也就形成了"人肉搜索"引擎的运行机制。

旗网、天涯社区和"北飞的候鸟"网站告上法院,此案使得"人肉搜索"由网络现象正式上升为法律问题,成为全国"反人肉搜索第一案"。

▼ "人肉搜索"也会对公民隐私造成伤害

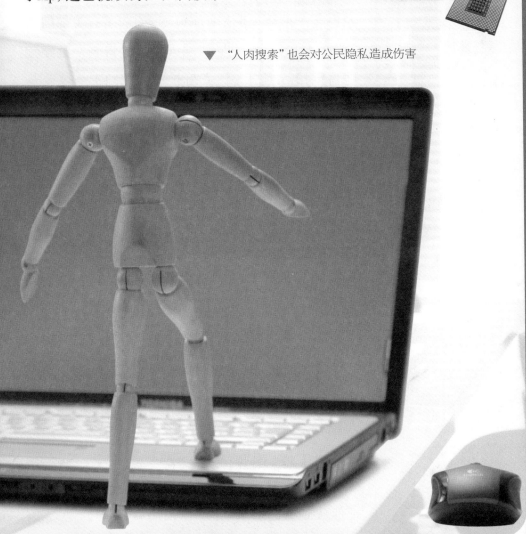

某些地方已经尝试立法对"人肉搜索"进行规范，例如，《徐州市计算机信息系统安全保护条例》规定，未经允许，擅自散布他人隐私，或在网上提供或公开他人的信息资料，对发布者、传播者等违法行为人，最多可罚款5000元；情节严重的，半年内禁止计算机上网或停机；一些违法的单位，还可能面临吊销经营许可证或取消联网资格的处罚。

通过"人肉搜索"，一些社会问题能被及时地揭露并得到解决，其效率之高不亚于警方的办案速度。2008年3月，两名14岁女生在某发廊剪发后，竟被要价1.2万元。4月1日，该事件被大肆报道，激起群众的不满。网友遂启动"人肉搜索"，公布出该发廊的注册信息，店主的固定电话、手机号码以及汽车牌照等，事情愈演愈烈，引起了有关部门的重视，4月2日，地税局执法人员依法将该发廊经营账目暂扣。4月3日，该发廊被有关部门责令停业整顿。至此，这一事件才告一段落。

不可否认，"人肉搜索"的出现对解决社会不良问题、实现社会公平正义起到了一定的促进作用，这就好像无形中多了一层道德的呼声和压力。但是，事情就像硬币总有两面性，"人肉搜索"对公民隐私所造成的威胁甚至侵害也同样不容忽视。一些不明真相或者故意歪曲事实的网友在网络上爆料他人隐私，给当事人的生活造成严重干扰。因此，有网友戏称"人肉搜索"："如果你爱他，把他放到人肉引擎上去，你很快就

会知道他的一切；如果你恨他，把他放到人肉引擎上去，因为那里是地狱。"如果不加约束，这种网络行为也很可能会演变成一种网络暴力，其自身就很不道德了。

　　信息搜索是网络利器，如何保证它最大限度地发挥作用，又不至于危害每个人的权益，是未来需要探讨和解决的问题。

▼　"人肉搜索"是一把双刃剑，需要接受法制化和规范化的管理

云计算，集智慧之大成

电可以满世界流动，天然气可以满世界输送，石油可以满世界买卖，那么，计算机的计算能力呢，可以共享和整合吗? 回答是肯定的，这就是"云计算"。

"云计算"是一个"美丽的"网络应用模式

"云计算"从结构来说分为六个层次：第一，基础设施层次，就是巨大的数据中心；第二，在各个数据中心存储的设备；第三，操作系统，即符合"云计算"要求的操作系统和算法，这是"云计算"的灵魂；第四，是包括医疗在内的各行业的应用；第五，实时的服务；第六，使用不同终端的用户。

"云计算"的概念最早由Google提出，被称为"美丽的"网络应用模式。到底什么是"云计算"呢? 现在就让我来告诉你。

我们可以简单地把整个互联网看成是一片美丽的云彩，所有的网络资源都汇集在这片云彩里。网民们可以在"云"中方便地连接任何设备，访问任何信息，或是自由地创建内容，与朋友分享。当然，这一切都要在一个安全、快速、便捷的前提下完成。

"云计算"，就是要以公开的标准和服务为基础，以互联网为中心，提供安全、快速、便捷的数据存储和网络计算服务，让互联网这片"云"成为每一个网民的数据中心和计算中心。

举个例子，如果你有一笔钱需要管理，那么，最

简单易行的方法就是把钱塞在自己的枕头底下，然后在小本本上记下每一笔入账和花销。这种管理方式的缺点显而易见：你的账本可能因为受潮而字迹模糊，你出门办事时可能因为忘带账本而焦急万分，放在枕头底下的钱可能因为被"梁上君子"盯上而夜半失窃……

相比之下，把钱存进银行就安全多了，既不用担心失窃，也可以随时利用 ATM 机、电话银行或网上银行管理账目，更有银行里的专业人士帮你理财。如果说把钱塞到枕头下面或保险柜里类似于我们在单机时代用个人电脑来管理信息，那么，把钱存进银行就好比我们在网络时代用"云计算"来实现数据和应用的共享。

也就是说，在"云计算"的模式中，用户所需的应用程序并不运行在用户的个人电脑、手机等终端设备上，而是运行在互联网大规模的服务器集群中；用户所处理的数据也并不存储在本地，而是保存在互联网的数据中心里。提供"云计算"服务的企业负责管理和维护这些数据中心的正常运转，保证有足够强的计算能力和足够大的存储空间可供用户使用。

▼ "云计算"服务商负责管理和维护数据中心的正常运转

云时代跟主机时代最大的不同就是网络的运用，信息从网上下载甚至比在硬盘上下载还要快。主机时代是中央处理信息，个人计算机时代是个人拥有信息，"云计算"时代则形成了个性化的机体和中央处理相结合的结构。从各个方面来看，"云计算"都是一个非常重大的变革。

▼ "云计算"对用户端的设备要求最低

而用户则可以在任何时间、任何地点，用任何可以连接至互联网的终端设备访问这些服务。事实上，Google的网络搜索功能，就是一种典型的"云计算"。中国移动也正在逐步展开"云计算"的商业化步伐，云的力量由此启动。和传统的单机或网络应用模式相比，"云计算"有一些显著的特点。

"云计算"派生出"云存储"，它提供了安全可靠的数据存储中心，用户不用再担心数据丢失、病毒入侵等问题。因为在"云"的另一端，有全世界最专业的团队来帮你管理信息，有全世界最先进的数据中心来帮你保存数据。金山公司最近开发了金山快盘，就是一种所谓的"云存储"，用户把自己使用的文件放到金山快盘里，就可以满世界放心地飞了。无论到了哪里，只要登陆快盘，就可以使用这些文件。实际上，即便用手机去登陆，也照样可以正常使用。

其次，"云计算"对用户端的设备要求最低，使用起来也最方便。你只需一台可以上网的电脑和一个浏览器，接着在浏览器中输入网址，就可以尽情享受"云计算"带给你的无限乐趣。

如今，"云计算"的蓝图已被描绘出来：在未来，只需要一台笔记本或者一个智能手机，就可以通过网络服务来满足我们的需求，甚至包括超级计算这样的任务。从这个角度而言，用户才是"云计算"的真正受益者。

第三篇
多媒体生活

电脑也可多媒体

现在的电脑都是"全能小子"！你可以在听音乐的同时，按下回车键，发出一封给妈妈的电子生日贺卡，附上你饱含深情的祝福；也可以连接因特网，和朋友一边视频一边游戏；在紧张的工作之余，你可以放入一张光碟放松放松；如果你是一名学生，还可以用它学习外语，练习听力……

多媒体电脑带来了前所未有的感受

什么是多媒体？

"多媒体"一词译自英文"Multimedia"，视觉媒体，包括图形、动画、图像和文字等媒体；听觉媒体，则包括语言、立体声响

什么是多媒体？最初它指两个媒体：声音和图像，或者说是：音响和电视。电脑也可多媒体？是的，多媒体电脑不再是一个冷冰冰的机器，它已变得能说会道，能听会唱了。人们都说，多媒体电脑是现代电视的一大挑战。那么，随着计算机技术的发展，你对多媒体电脑又了解多少呢？

随着网络速度的提高，多媒体电脑也在不断地升级。如果你是一名商人，你还可以与身处异地的同事、朋友开网络电视会议，与对方讨论重要、紧迫的生意决策，再将业务报表制成图文并茂的多媒体商业简报；如果你是一名老师，你在授课时也不必费力写最后一排同学看不到的板书，因为一播放PPT就清晰明了……不知不觉中，多媒体已大大改善了我们的生活，给我们带来了许多便利。

和音乐等媒体。但实际上，多媒体最吸引人的地方是实现人机互动和网络互动，网络正在形成一个虚拟世界，里面有王国、城堡、市场和形形色色的角色，人们热衷于扮演这些角色，释放内心的渴望。

▲ 学习娱乐两不误

人机争霸——计算机与网络

电脑天生就有多媒体的素质，就看我们怎么用它。多媒体电脑除了拥有普通电脑数据处理、计算、网络通信、办公自动化等基本功能外，还需要什么其他功能呢？

1. 家庭音响设备

配备音质和音色俱佳的声卡，使电脑成为有声设备。声卡所配音乐设备数字接口，可以连接各种音乐设备，使用户可以自己编曲并演奏。最近开始流行网络收音机，自带显示屏和遥控器，放在客厅里，通过网络来播放电脑里、网络上存储的歌曲，操作起来完全符合使用家用电器的习惯，选歌却比CD机还方便。

2. 高清晰度的彩电

插上电视卡，用户就能通过电脑欣赏电视节目，虽然色彩比电视差点，但它可以直接录制节目并存储到硬盘里，无形中给家庭增加了一台硬盘录像机。

3. 全功能的"家庭影院"

我们能在电脑上欣赏DVD，完全能达到家庭影院的要求。很多玩家索性接上投影仪，播放1080P的高清电影，效果不亚于真正的电影院。试想，吃着火锅唱着歌，看着大片聊着天，是什么样的自在感觉呢？

4. 家庭教育和娱乐的好伙伴

多媒体教育优点很多，这些教育软件图、文、声、影，无所不至，教学过程非常生动、直观。多媒体娱乐软件音乐动听、图像真实，效果栩栩如生；交互式的电脑游戏更是让人身临其境，身心放松。当然，在游戏的时候，人们不应该忘了保护自己的健康。

如今，随着多媒体技术的不断发展，多媒体电脑的功能日益增多，多媒体电脑也将会逐渐取代普通电脑步入每个家庭，使人们的生活更加丰富多彩。

▼ 多媒体教育软件更加生动直观

虚拟现实数字地球

不必到西安秦始皇陵，却可以把手"搭"在兵马俑的肩上，与兵马俑来个亲密合影；不必到高尔夫球场，却可以用真实的球杆，大力"击出"高尔夫球，这些你能相信吗？

不用去高尔夫球场，也能挥杆自如

足不出户，也可以畅游紫禁城。虚拟旅游建立在现实旅游景观的基础之上，使三维实景与电子地图等相结合，在网络上构建出一个虚拟的旅游环境。目前，世界各处风景都在建立虚拟旅游系统，帮助游客实现足不出户就周游世界的理想。例如

我们都知道，没有驾驶过飞机的人，不会知道驾机飞行的感觉；没当过宇航员的人，体会不到太空飞行中失重的滋味；若不是潜水员，也很难想象海面下那神奇炫目的景观。那么，没有亲身实践，能否获得真实感觉呢？当然能，这就得靠当前正在迅速发展的虚拟现实技术，它能达到这样一种效果：让没有经历过某环境的人，能完全获得身处这种环境的逼真感受。

虚拟现实又称灵境技术，英文是"Virturalreality"，还称为"信息空间"、"人

工现实"、"合成环境"等。虚拟现实，就是由高性能的计算机软、硬件及各类先进的传感器所集成创建的多维信息环境，当参与者处于其中时，就产生了身临其境的感觉，可以像在真实世界中一样地与这个环境进行互动。我们依靠计算机技术"欺骗"人的感觉，建立一个虚拟的世界。

虚拟现实技术的出现，为人类提供了极大的便利，有了它，"爱丽丝漫游仙境"不再只是童话。当世博会在上海如火如荼地举行之时，歌舞、书画、民俗表演等各项活动精彩纷呈、轮番上阵，尽显民族风采。可惜却有很多人出于种种原因不能亲临现场，而这些

驰名中外的虚拟紫禁城、虚拟圆明园、虚拟黄山、虚拟瑞士风光等。

▼ 虚拟现实技术用于飞行训练

人机争霸——计算机与网络

变形金刚并不遥远。虚拟现实是用技术"欺骗"大脑，这一技术的反向运用，会带来不可思议的结果。用一个头盔接收大脑的电磁信号，并解读大脑的意图，进而通过思想控制各种设备。德国开发了大脑驾驶员技术，驾驶员只要带上脑波接收头盔，就可以用思想开汽车了，这可是实打实的真车啊。试想，如果实现和脑波的双向互动，那么盲人就可以复明，聋人就可以复聪啦。如果用思想控制大型武器，那和变形金刚还有多大区别呢？

人通过网上浏览世博照样也能"过把瘾"：打开世博主站点，伴随着悦耳悠扬的旋律，实体馆中的清莲漪步、桃花水母、金声玉振等内容全景再现。为什么人们足不出户就可以体验世博呢？答案就在于虚拟现实技术。这种高端前沿的技术利用电脑模拟产生一个三维空间的虚拟世界，供大家游览世博会。当然，这和真正的虚拟现实相比，相差还甚远。

虚拟现实技术已广泛运用于科技、商业、军事、医疗、娱乐等领域。如医学上的虚拟解剖。

人体解剖课程是医学院最基础、最重要的课程。为了使学生掌握人的身体结构，需要对实际的尸体进行解剖实践，但是目前能让学生亲手做实验的尸体非常有限。为了解决尸体数量不足的问题，学生可以用虚拟手术器械解剖虚拟尸体，并利用操纵杆、手套和其他设备的触觉强力反馈来感受人体组织的不同质感。

虚拟现实的解剖课程有很多优势，学员还可以把任一器官从数字化虚拟人体中独立出来，再对其进行更精细的观察。在虚拟解剖过程中如发生错误操作，学生可以返回纠正错误，当然也可以反复进行复习和训练。学生可以随时进行虚拟解剖，不需一起来到解剖学实验室进行学习，这既节省了老师和学生的时间，同时又可以节约宝贵的尸体标本，减少手套和刀片等器械的消耗。真是一举多得啊。

随着科技的发展，虚拟现实技术已不仅仅在科学幻想小说中才能找到，如今，将虚拟现实与因特网相结合，已十分普通，广泛涉及通信、事务处理、娱乐和艺术媒体等领域。没有多少因特网用户会满足于文本信息和静态画面上，因特网通信的下一代将是三维的，虚拟现实也将提供一条通向未来的道路。

虚拟现实技术让我们骑自行车穿越森林与城市

网络游戏，网罗天下

到 2010 年，网游在我国已经风行了十个年头。短短十年，网游让我们见证了一个时代的到来。从当年的"传奇"、"大话西游"、"奇迹"到现如今的"魔兽世界"、"梦幻西游"、"成吉思汗"的一系列成功，网游产业蓬勃发展。十年，也让一批企业走上事业之巅。作为朝阳产业的中国网游业，经过十年的高速发展，正逐步走向成熟，步入平缓发展阶段。

网络游戏是多人同时在线游戏

客户端（Client），也被称为用户端，是指与服务器相对应，为客户提供本地服务

网络游戏与单机游戏不同，网游必须通过互联网连接来进行，并且多人同时在线游戏。在网游创造的虚拟世界中，你可以尽展雄才伟略攻城掠

地，统一四方；你可以勇闯怪物老巢制服怪物；你可以和别的玩家切磋技艺；你可以做一个搜集各种稀奇道具的收藏家；也可以做一个每天种菜收菜偶尔偷偷菜的农场主；你可以做一个倒卖药品、材料的小商人；也可以做一个万人景仰的英雄。

日常生活中只能幻想的事，都可以在精彩的网络世界中实现。游戏和现实相互交织，人的生活仿佛多了一个世界。这是网游巨大的魅力所在。

目前，网络游戏按形式可以分为两种。

的程序。我们常用的 Outlook 就可以视作是电子邮箱的客户端，它可以远程去处理在服务器上的邮件。游戏的客户端，就是玩家用来联系服务器的工具。有了它，就可以把玩家在电脑上的一系列动作和游戏服务器联系起来，和全球玩家互动了。

▼ 网页游戏"热血三国"

人机争霸——计算机与网络

外挂，简单地说就是游戏作弊工具，它通过修改游戏系统，欺骗服务器可以达到非正常的游戏效果，如快速升级、N倍攻击速度等。因此网游作弊又叫"开挂"。外挂的出现给网游带来了很大的不公平性，也消磨了很多玩家游戏的积极性，游戏公司与外挂的斗争从未停止过，但效果却并不明显。有些外挂的更新速度，已经超过了网络游戏的更新速度。

一种是我们常说的网页游戏。它依托浏览器，不用下载安装其他的软件，在任何地方任何时间，只要有一台能上网的电脑就能参与游戏，尤其适合上班族。网页游戏除了使用方便以外，它的类型及题材也非常丰富，涵盖了角色扮演、战争策略、社区养成等主要游戏模式。现在非常火爆的"热血三国"、"开心农场"等就是网页游戏的典型代表。

另一种是客户端游戏。它由运营公司架设服务器，玩家们需要下载安装客户端来连接公司服务器以进行游戏。我们平常所说的网络游戏大都属于此类。此类游戏的特征是玩家通过注册获得一个专属角色(虚拟身份)，在线登录后，用自己的专属角色在网络的奇幻世界中身临其境地体验冒险，收获与各地玩家们互动的乐趣。当下世界网游市场上极受玩家拥护的大型客户端网络游戏有"魔兽世界"(美国)、"天堂2"（韩国）、"梦幻西游"（中国），等等。

从2000年引入第一款网游开始，中国网游产业经历了十年的迅猛发展。2009年，中国网络游戏销售收入达到了256亿元，保持近百分之四十的增长速度，显示了网游业在中国的蓬勃生命力。

但是，火爆的网游市场也面临着严重的危机。网游市场长期存在着"私服外挂"、不正当的竞争、创意缺失等一系列问题。玩家对网游的要求越来越高，而部分网游厂商的品位却越来越低，他们放弃了娱乐的主旨，转而鼓励玩家争强斗狠，引诱他们花真实的血汗钱，买虚拟的高级设备，甚至连围棋都需要花钱买悔棋的权力。显然，网游正在丧失它先天的创新能力，大有沦为钱包游戏的趋势。

▲ 客户端游戏 "梦幻西游"

电脑游戏，老少咸宜

　　读武侠小说，就会被其中的精彩情节所吸引，梦想自己也能成为侠客、英雄，就算是被视为走在时尚前沿的"80后"、"90后"也不例外。但是他们的侠客梦、英雄梦能实现吗？属于侠客的那个时代已经尘封于历史深处。那么，成为侠客的梦想就要这样破灭了吗？答案是"NO"，因为有一个"朋友"可以给予帮助——电脑游戏。

模拟火车游戏

　　其实这让人疯狂的电脑游戏（Personal computer games, Computer games 或 PC games）

是指在计算机上运行的游戏软件。它是一种具有娱乐功能的电脑软件。电脑游戏产业与电脑硬件、电脑软件、互联网的发展联系十分紧密，四者相辅相成。并且随着互联网的普及，电脑游戏开始和网络游戏结合在一起。

电脑游戏的分类也十分繁多，比如角色扮演游戏、动作游戏、冒险游戏、策略模拟类游戏、即

泥巴游戏：是指主要依靠文字进行游戏的游戏，图形作为辅助功能。1978 年，英国埃塞克斯大学的罗伊·特鲁布肖用 DEC-10 编写了世界上第一款 MUD 游戏——"MUD1"，是第一款真正意义上的实时多人交互网络游戏，这是一个纯文字的多人世界（这可能就是 MUD 的命名来源吧）。泥巴游戏的其他代表作有："侠客行"、"子午线 59"、"万王之王"。

▶ "暗黑破坏神3"是一款角色扮演游戏

时战略游戏、益智类游戏、泥巴游戏等等，为追求新鲜感的年轻人提供了多样的选择。

其实电脑游戏的火爆源于20世纪八九十年代电脑的逐渐普及，随着电脑的普及，电脑游戏也不断火爆起来。电脑游戏一出现立即受到了无数"80后""90后"的追捧和迷恋，成为了这些年轻人的宠儿。还有很多"80后""90后"将它视为自己生活的一部分，甚至是生活的全部！到底电脑游戏有什么魔力能让人如此痴狂呢？那是因为它为人们提供了一个神奇而自由的虚拟世界。在那个世界里，你可以摆脱现实世界的束缚，扮演现实生活中扮演不了的角色；你可以实现你的梦想，成为侠客，成为英雄；你也可以成为传奇，只要你愿意，电脑游戏的世界可以任你闯荡。同时电脑多媒体技术的发展，也使电脑游戏给了人们很多体验和享受。

电脑游戏的收费模式

（1）道具收费：玩家可以免费注册和参加游戏，运营商通过出售游戏中的道具来获取利润。像"征途""穿越火线"都是道具收费方式。（2）时间收费：玩家可免费注册账号，但需要购买点卡或月卡为游戏角色充值时间才能进行游戏。像"魔兽世界""梦幻西游"就是时间收费方式。（3）客户端收费：通过付费客户端或者序列号绑定网站账号进行销售的游戏。像"反恐精英起源""星际争霸2"都是客户端收费方式。

▲ "星际争霸2" 使用客户端收费模式

通信软件，生活伴侣

交流是人的本能，也是生活的乐趣。因特网出现后，人们的交流方式越来越丰富，各种通信软件悄无声息地进入了我们的生活，为生活增添了乐趣和色彩。

今天，你的QQ升级了吗

你试过用 Skype 来拨打免费越洋电话吗？Skype 是一种 IP 电话软件，它的特点是使用 P2P 技术，通

今天，年轻人大多用QQ聊天，它是一款即时通信软件。经过多年的发展，QQ已经可以支持在线聊天、视频电话、点对点断点续传文件、共享文件、网络硬盘、QQ邮件，还有丰富的游戏功能。不过，QQ并不是最早的即时通信软件。

1996年，三个以色列人——维斯格、瓦迪和高德芬格聚在一起，决定开发一种使人与人在互联网上能够快速直接交流的软件。他们为新软件取名ICQ，即"I SEEK YOU"（我找你）的意思。ICQ支持在Internet上聊天、发送消息、传递文件等功能。后来他们成立了Mirabilis公司，6个月后，ICQ就成为当时世界上用户量最大的即时通信软件。到了1998年，ICQ被美国在线以2.87亿美元收购，此时ICQ的用户量超过了1000万。

ICQ点燃了即时通信的火光，同类软件迅速跟进。由于技术并不复杂，很快各国都推出本土的即时通信软件，抢夺市场。1995年，连软件巨头微软

话效果非常好。通过它，你可以用电脑和一般的电话机通话，也可以用手机上网来进行通话，而你缴纳的不过是非常便宜的上网费用。由于Skype的费用极度低廉，一度被各国的通信巨头以各种方式抵制。不过用户才是无敌的，现在Skype的使用已经相当广泛了。

▼ QQ农场

GPRS：这是在3G推出前GSM用户的一种移动数据技术。在我国，它的速度较慢，但覆盖率相当高，一般用来炒股、聊天。GPRS可以说是GSM的延续，以封包式来传输，使用者所负担的费用是以其传输资料单位计算，并非使用其整个频道，因此费用相当低廉。

也推出自家的即时通信软件——MSN。微软强大的号召力很快使得MSN成为很多人的首选。为了招徕用户，微软为这个软件专门做了很多工作，比如可以让通信的双方在一张白板上写字来沟通感情，可以给交谈的对方发出各种动态的表情等等。而发展到今天，MSN已经扩展为功能非常庞大的Windows Live，网络交友、博客发文，几乎是无所不能。

即时通信软件时刻冲击着手机的短信市场，移动通信商也行动起来了。例如，中国移动推出了一款叫"飞信"的通信软件，给很多人带来了方便。飞信是中国移动推出的"综合通信服务"，即所谓融合语音（IVR）、GPRS、短信等多种通信方式，覆盖三种不同形态的客户通信需求，实现互联网和移动网间的无缝通信服务。飞信不但可以免费从PC给手机发短信，而且不受任何限制，让我们随时随地都可与亲友保持畅快有效的沟通，并享受超低语聊资费。发展到今天，MP3文件、图片和普通Office文件都能随时随地任意传输！飞信还具备防骚扰功能，只有对方被你授权为好友时，才能与你进行通话和短信，安全又方便。

▼ 如今还有移动QQ

高清视频对电脑有何要求

商场、媒体、网络都把"高清"作为宣传的对象，炒得沸沸扬扬。我们一般所说的高清，主要涉及高清电视、高清设备、高清格式、高清电影等。对于经常上网的人来说，高清方面最为关注的要算高清电影了，究竟什么样的电影才算是高清？是否是拥有高清显示器就能看到高清电影呢？对于高清的要求很多人还不太清楚。

蓝光盘是目前最先进的大容量光碟格式

影像方面的"高清"一词，最早从"High Definition Television"中来，即"高分辨率电视"的意思，后来也泛指一切高分辨率的视频格式，包括蓝光DVD。今天，人们提到高清电影时，并不是指清楚的电影（电影院里的电影一直都很清楚），而是以高清视频格式制作的全高清视频文件或者蓝光DVD。高清包含720p(1280×720，逐行)、1080i(1920×1080，隔行)与1080p(1920×1080，逐行)三种标准形式，目前1080p是电视能支持的最高清格式。而分辨率在720p以下的视频格式就只能称为"标清"了，我们所熟悉的VCD、DVD、电视节目等就是分辨率在400线左右的"标清"视频格式。

蓝光或称蓝光盘：SONY公司开发的视频光盘格式，也是目前最流行的大容量光碟存储格式。一张蓝光单碟上，可存储25GB的文档文件。这是现有单碟DVD的5倍。蓝光碟的速度也很快，允许4.5~9MB/S的记录速度。它的巨大容量为高清电影、游戏和大容量数据存储带来了可能和方便，在很大程度上促进了高清娱乐的发展。

▲ 高清电视机只是看高清节目的基本条件

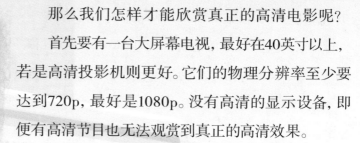

点对点技术，是一种多点下载的方式，使用非常方便。常规的下载是用户从网络服务器上获取数据，而使用点对点技术时，用户一边从源头下载数据，一边把已下载的数据和其他用户共享。就好像一本书，很多人都在抄写，他们分别抄写不同的段落，然后再把抄好的部分彼此分享。这样就越抄越快了。风靡网络的BT下载就是一种点对点技术。

那么我们怎样才能欣赏真正的高清电影呢？

首先要有一台大屏幕电视，最好在40英寸以上，若是高清投影机则更好。它们的物理分辨率至少要达到720p，最好是1080p。没有高清的显示设备，即便有高清节目也无法观赏到真正的高清效果。

用电脑显示器观看高清电影是很多人的选择。如今显示器大多能支持1080p的清晰度，放起大片来，除了画面小点儿外，其他是应有尽有。

看高清电影对播放器、片源都有比较高的要求。播放器必须有足够的处理能力，能够即时解码高清视频。一台播放高清视频的电脑，最好是配备了内置的硬件高清解码功能的显卡，或者速度比较快的双核CPU。如果要播放蓝光DVD，那还要配置价格不菲的蓝光影碟机或者光驱。目前市面上最流行的是硬盘播放机，它们能够支持大多数高清视频格式，用起来和家用电器一样方便。

高清电影的存储是个大问题，一个普通时长720p的高清电影，大小在4G左右，1080p的多在15~30GB（有些甚至达到80GB），这就对硬盘的存储空间提出了很高的要求，1TB的硬盘也存储不了多少部高清电影。因此，玩家们常常搭建硬盘塔来应对这一难题。作为高清电影的玩家，用4块2T的硬盘共同储存电影的方式是司空见惯的。有些玩家还追求能够在家庭局域网上共享，那么千兆网就必不可少了。

　　高清电影的音效也十分惊人，一套高品质的环绕声音响必不可少。有了音响，"排山倒海"的画面和"山崩地裂"的音效互为补充，构成了栩栩如生、身临其境的梦幻世界。

▲ 看高清电影对播放器等硬件也有要求

电脑能听懂人说话了！?

一直以来，为了让电脑明白我们的心意，可着实要费一番功夫，学这种语言、那种语言，总之学的都是电脑的语言。费时又费力，到底什么时候电脑才能听懂我们的语言呢？

手机的语音拨号功能其实就是语音识别技术的运用

汉字最适合语音输入。电脑刚普及的时候，有人曾想要取消汉字，理由是难以输入电脑。按照他们的观点，全世界人最好

电脑能听懂人说话？你一定觉得很不可思议吧！以前，尽管我们学习了各种电脑语言，却还是要通过键盘、鼠标和电脑打交道。而现在，电脑渐渐变得聪明了，能够听懂我们的语言了！而这一切都要归功于语音识别技术。

语音识别技术，也被称为"自动语音识别"，

它能将人类的语音中的词汇内容转换为计算机可读的输入。这项技术悄悄地渗透于我们的生活中，当你拿起手机，使用语音拨号功能，用简单的语言命令来控制一些高级电器设备的时候，就已经在享受这项技术带来的便利了。

最近几年，语音识别技术进步迅速，已经能够成功地识别我们的大部分语言。微软推出的语音输入法就是一个出色的语音识别产品，我们通过与主机相连的话筒读出汉字的语音，电脑利用语音识别系统分析辨识汉字或词组，把语音信号转变为相应的文本或命令，就完成了"语音输

都学计算机编程语言才好交流。这种观点没了市场。有意思的是，到了语音输入时代，人们发现，汉字是单音节文字，电脑识别的负担最小，也就是说，汉字最有希望成为未来的电脑输入文字。

▲ 有了语音输入法，我们可以放弃手敲键盘了

云计算帮助手机进行语音输入。最近，安卓系统的手机上出现了一种语音输入法，准确率很高。用户对着手机说话，语音就传到互联网的识别服务器上，识别完成后，这些文字再传回到手机上。用户几乎感觉不到延迟，而文字则很准确地出现在屏幕上。

入"。我们再也不用眼盯屏幕、手敲键盘了，将自己的想法"录"入电脑，因为电脑成了一个不知疲倦、识字听话的"秘书"！

不过，语音输入对用户的语音标准程度有比较高的要求，如果你的方言口音很重，或者感冒鼻音很重的话，现在的系统是无法识别的。从这方面来看，语音识别技术还有待完善。另外，它也只适合你在一个人的环境里使用，因为，坐在你旁边的人恐怕无法忍受你一连几十分钟的絮絮叨叨。电脑毕竟不是人，它的词汇量是有限的，当你所用的词汇超出电脑所能识别的范围时，也会给电脑的识别带来困难。

语音识别技术是一门很有实用价值并极具发展潜力的高科技。在电话与通信系统中，智能语音接口正在把电话机从一个单纯的服务工具变成人们的生活"伙伴"。使用电话与通信网络，人们可以通过语音命令方便地从远端的数据库系统中查询与提取有关的信息。

当电脑变得越来越小，语音输入也显得越来越重要。试想，如果变成一块手表那样大小，除了语音输入外，还有什么技术便于输入信息呢？键盘行吗？

正因为语音输入可以在非常广泛的范围内应用，所以它的商业价值十分巨大。

至于辨别方面，运算能力越高，辨别能力就越准确。在一个网络无所不在的时代，这已经不成问题。我们大可以把用户的语音传送到网络上，由计算能力超强的服务器来辨别，再把文字送回到用户的设备上。这也可以说是云计算的另一个应用。

尽管多年来研究人员一直致力于语音识别技术的研究，但语音识别技术在目前还无法完全支持各个领域。相信在不久的将来，电脑会更加明白我们的"心意"，更好地听我们说话！让我们一起期待吧！

▼ 未来，电脑将会更加明白我们的"心意"

"惊天动地"话 3D

　　宁静的夜晚，车水马龙的公路，突然，一束蓝光从天而降，一架外星飞船砸在公路上，瞬间火光四射，把整个夜晚衬得如同白昼。火光尽头，几个面容狰狞、形状怪异的外星人慢慢走出，开始大肆毁坏建筑物等。城市面临被毁灭的危险。哦，别急着跑，别担心，这不是现实。欢迎来到 3D 动画的世界！

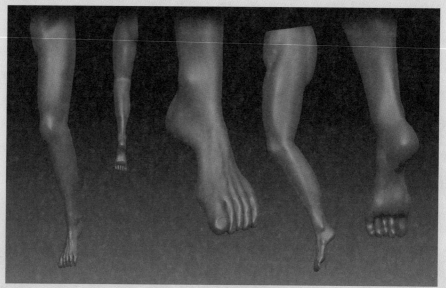

利用3D动画技术制作腿部模型

　　3D动画，也叫"三维动画"，是一种使用计算机制作动画的技术，是随着计算机软硬件技术的发展而产生的一新兴技术。

　　传统的动画是手绘的，一系列手绘图像结合在一起，并快速播放，就出现了动画影像。3D动画其实也是这个原理，只是它依靠制作软件来完成。

过程是这样的：设计师在计算机中建立一个虚拟的三维世界，在这个虚拟的世界中按照要表现的对象的形状尺寸建立模型以及场景，再根据要求设定模型的运动轨迹、虚拟摄影机的运动和其他动画参数，最后为模型赋上特定的材质，并打上灯光。

3D 与三维

3D 中的 D 是英文"Dimension"（线度、维）的字头，3D 是指三维空间。所以，3D动画实际上就是三维动画，只是翻译不同而已。

▼ 3D动画塑造的物体具有真实的存在感

　　这就像制作芭比娃娃，不仅有专门为她设计的衣服和鞋子，也有专门为她设计的房子和店铺。当这一切完成后，设计师就可以让计算机自动运算，生成成品3D画面。以后，只要是曾经做好的服装，想怎么换就怎么换，这可以节省多少绘画工夫啊。

设计师设计的模拟空间就是一个如现实世界般的3D世界，当然，它只存在于计算机中。3D世界尽可能贴近真实生活空间，也具有前后、左右、上下的空间方向。3D动画塑造的物体具有真实质感，人们能够产生一种处在真实空间的错觉。

3D动画技术发展至今，已经不仅仅是用于制作动画了。3D动画技术模拟真实物体，用途广泛。由于它的精确性、真实性和无限的可操作性，目前被广泛应用于医学、教育、军事、娱乐等诸多领域。

3D动画可以用于广告和电影、电视剧的特效制

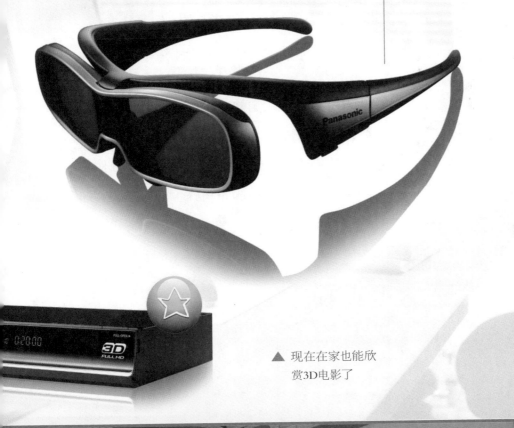

▲ 现在在家也能欣赏3D电影了

3D电影

国际上以3D电影来表示立体电影。日常生活中，人们是用两只眼睛来观察具有立体感的外界景物的。3D不同于一般普通电影在放映时只有影像的平面感觉。3D电影就是利用双眼立体视觉原理，使观众能从银幕上获得三维空间感觉影像的电影，使观众更加切身感受电影当中的情节。随着3D电影的发展，3D电视也走向前台，只是现在技术还不太成熟，看起来有些累眼。

作（如爆炸、烟雾、下雨、光效等）、特技（撞车、变形、虚幻场景或角色等）、广告产品展示、片头飞字等等，既减少了演员的拍片风险，也避免了天气的影响，还给人耳目一新、身临其境的感觉，受到了众多客户的欢迎。

3D动画的优势得天独厚。它能够完成实拍不能完成的镜头，比如撞车；而且拍摄不受天气季节等因素的影响，后期还可以改动。实拍成本过高或者有危险性的镜头都可通过3D动画实现，降低危险。当然，3D动画技术也可以补救镜头的丢失，它能模拟无法重现的镜头，还原当时的真实景象。

人无完人，金无足赤，3D动画对制作人员的技术要求较高，需要制作人员有较高的水平、经验和艺术修养。另外，由于3D动画软件及硬件的技术局限，它的制作周期也相对较长，费用也相对较高。

我们现在已经接触到了很多3D动画作品。而且随着科技的发展，我们的电影将会越来越多应用3D动画，届时，我们将会迎来一场又一场的视觉饕餮之宴。

第四篇
未来计算机

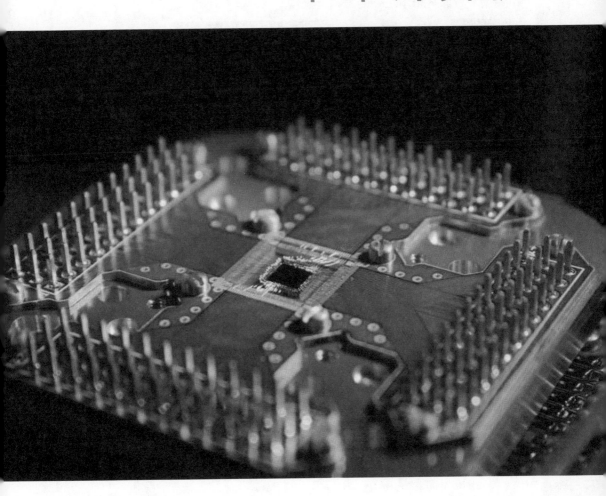

纳米计算机：新世纪的计算机

科学家预测，到 2016 年左右，计算机领域的硅半导体时代将会结束。人们对新兴的硅替代技术，即纳米技术表现出浓厚的兴趣。新兴的纳米技术有望将摩尔定律的寿命延长到 2016 年以后。

采用微电子机械系统制造的微型传感器

纳米有多小？

1 纳米等于 10^{-9} 米。如果把 1 纳米比作一个乒乓球的直径，那么一米就是地球的直径了。科学家从 20 世纪 60 年代开始研究纳米微粒。1989 年，

据专家预测：在今后十年内，现在的传统计算机芯片生产技术将达到技术极限。随着芯片上集成的晶体管数量越来越接近极限，集成电路的性能将越来越不稳定，这将严重影响计算机的使用。实际上，传统计算机使用的硅芯片已经达到其物理极限，体积无法进一步变小，接通和断开电源的频率无法再提高，耗电量也没有办法再减少。这种黯淡

的前景令计算机专家忧心忡忡。

　　纳米技术的发展就像一道曙光，带来了新的思路。科学家认为，解决计算机发展瓶颈的途径就是研制"纳米晶体管"，并且用这种纳米晶体管来制作"纳米计算机"。

　　要想理解纳米计算机的原理，我们就得先知道什么是"纳米"。"纳米"是一个非常小的计量单位，

IBM 公司的科学家用单个原子排列拼写出了"IBM"商标，后来又制造出了世界上最小的算盘，算盘珠是直径还不到一毫微米的分子。

◀ 仅有几毫米大小的电子原件

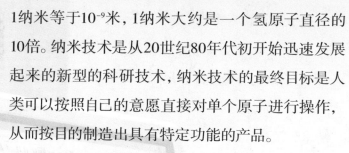

纳米晶体管：是大小接近1纳米的晶体管。这种晶体管以碳为基体，以包含氢和硫的有机半导体分子为晶体管材料，用金原子层作为电极，具有普通晶体管所没有的特殊性能。随着纳米晶体管的出现，电脑晶片将有很大的改变。

1纳米等于10^{-9}米，1纳米大约是一个氢原子直径的10倍。纳米技术是从20世纪80年代初开始迅速发展起来的新型的科研技术，纳米技术的最终目标是人类可以按照自己的意愿直接对单个原子进行操作，从而按目的制造出具有特定功能的产品。

现在的纳米技术正从MEMS（微电子机械系统）起步，MEMS技术可以将传感器、电动机和各种处理器都集中放在一个硅芯片上而构成一个微小的系统。应用纳米技术研制开发的新型的计算机内存芯片，其体积不过数百个原子大小，才相当于人的头发丝直径的千分之一，所以采用纳米技术的新型计算机耗电极低，但是其性能却要比今天的传统计算机强大许多倍。

采用纳米技术生产计算机，将会是电子领域的大势所趋。建造一个大型芯片生产厂需要近500亿美元，而理论上建造纳米芯片生产厂的成本十分低廉。纳米芯片生产厂不需要超洁净的生产车间，也不需要昂贵的实验设备和庞大的生产队伍，只需要在实验室里将设计好的分子用纳米技术合在一起，就可以轻松地造出芯片。同时，由于芯片制作程序的简单化，芯片的价格也将急剧下降。这将带来一场翻天覆地的变革，日用电子设备，不论大小，统统智能化了，因为CPU变小了，而且耗电很少。人们不再需要频繁地充电。

在计算机领域里，应用纳米技术研制新型计算机令人欢欣鼓舞，科研人员正在应用纳米技术研制计算机内存。这将为其他缩微计算机元件的研制和生产开拓一条新的道路，可以想象，可穿戴式个人电脑终将横空出世，研究方面将取得重大突破。科学家们的目标是制造出分子级的内存，甚至整台的分子计算机。有专家甚至乐观地认为："人类完全可以制造出比今天的计算机快10亿倍的超级计算机！"而据报道，美国加利福尼亚大学伯克利分校以及斯坦福大学的科学家已经成功地将纳米碳管植入硅芯片中。

第一代成熟的纳米计算机，运算速度将是现在普通硅芯片计算机的1.5万倍，耗费的能量却会减少很多。这项研究的成功是一座里程碑，它标志着人类在制作超快速纳米计算机的道路上又迈出了一大步。

▼ 采用纳米技术制成的电子原件比苍蝇还要小

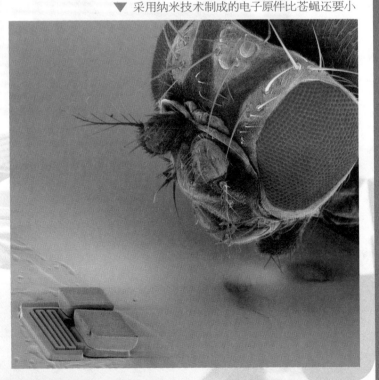

生物计算机：仿生学下的计算机变革

聪明而细心的科学家们通过研究蜻蜓的飞行而研制出了直升机；通过研究青蛙眼睛而研制出了电子蛙眼；通过对蝙蝠仅仅依靠发出超声波就能定向飞行的特性研究又研制出了雷达、超声波定向仪……仿生学如此神奇。那么，我们是不是也可以依靠仿照生物的特性研制出一种仿生学计算机呢？事实上，这种仿生学计算机已经出现了，它就是我们要说的生物计算机。

科学家通过研究蜻蜓的飞行而研制出直升机

生物计算机

生物计算机并非一定要是硬件的，它也可以是软件的，即

生物计算机，顾名思义，就是以生物处理问题的方式为模型研制的计算机。科学家们经过大量细致的研究发现，蛋白质具有开关特性，人类利用遗传工程技术，就可以仿制出这种蛋白质分子，并

把它作为元件制成集成电路，这种运用生物技术制成的电脑芯片就称为生物芯片。使用这种生物芯片的计算机就称为蛋白质计算机或生物计算机。

　　生物电脑的出现，一定程度上来说也是"被逼"的。我们知道，现在市面上的普通电脑，基本都是采用同一尺寸的CPU，CPU以晶体管为主，电脑需要的运行速度越快，所用的晶体管就越多。一直以来，芯片制造商们想方设法在结晶硅片上蚀刻极其细微的凹槽，集成晶体管数目每隔18个月翻一番。但是发展到现在，晶体管已经非常之小以至于难以再继续发展下去，晶体管的硅部件的尺寸将达到分子级，在这种难以思量的超近距离内"跳舞"

使用仿生算法的计算机。这需要人们深入研究生物智能，用仿生的观念寻找出新的算法模式。从计算机发展历史看，算法的革命，其贡献远远大于硬件的进步。我们期待着真正的生物智能算法的出现。

▼ CPU上极其细微的凹槽

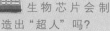

人机争霸——计算机与网络

生物芯片会制造出"超人"吗？

生物芯片除了使用在计算机领域外，还可以与人体及人脑结合起来，实现"人机合一"。可以把生物电脑植入人的脑内，使人脑的记忆力成千万倍地提高；若是将生物芯片植入血管中，则可以监视人体内的化学变化，使人的体质增强，甚至可以使残疾人重新站立起来，获得新的希望。

其问题很多，比如电子将产生量子效应而引起电路板短路。

一筹莫展的时候，生物计算机的研制发展给计算机技术的继续发展开拓了一条新的道路。

用蛋白质制造的电脑芯片，一个存储点仅仅只有一个分子大小，在一平方毫米面积上可以容纳数亿个电路。所存储容量可达到现在普通电脑的10亿倍，而且运转速度将会更快，大大超过人脑的思维速度。生物电脑元件的密度比大脑神经元的密度高100万倍，而传递信息速度也比人脑思维速度快100万倍！它的小巧还使计算机"减肥塑身""改头换面"，甚至可以隐藏在桌角、墙壁或地板等地方。

生物计算机的仿蛋白质分子具有像蛋白质一样的自我修复功能，当它内部的芯片出现故障时，不再需要人工修理即能进行自我修复，所以它的寿命很长，可靠性也很高。

生物计算机的元件是由有机分子组成的生物化学元件，它的工作依靠生物化学反应，很少的能量就可以驱动工作。因此，生物计算机不会像传统电子计算机那样，工作一段时间后机体会发热，电路间也几乎没有信号干扰。

正因为有这么多与众不同的优点，1983年由美国科学家提出生物计算机设想后，一石激起千层浪，各国研究热潮迭起。当前，美国、日本、德国和俄罗斯的科学家们正在积极进行生物芯片的开发研究。从1984年开始，日本每年用于研制生物计算机的科研投资经费就高达86亿日元。中国科学界也投入了大笔资金对生物计算机进行研究。

人类期望在21世纪完成研制生物计算机的伟大工程，这项研究是计算机研究领域中最年轻的分支。目前的研究方向大致有两个：一是研制分子计算机，即用生物技术制造有机分子元件，代替目前的半导体逻辑元件和存储元件；另一研究方向是进一步深入研究人脑的结构、思维规律，再构想生物计算机的结构。相信在不久的将来，我们就可以用上存储着世界上所有书籍的"手机型"计算机，畅游古今中外！

▲ 科学家们正在积极进行生物芯片的开发研究

"后信息时代"——光计算机

1946 年，人类成功地研制出了第一台电子计算机，时至今日，电子计算机已经走过了 64 年的历程。如果说在不久的将来，"电子计算机"这个名词将成为历史，取而代之的将是"光计算机"，你相信吗？科技的发展永无止境，光计算机的到来预示着又一个崭新的时代的开始。

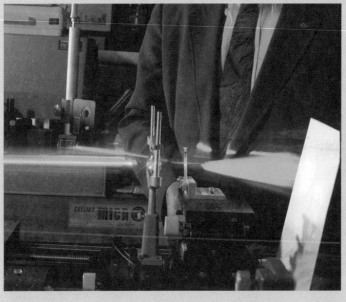

光计算机将光的特性充分运用到计算机的制造上

1990 年，贝尔实验室推出了一台由激光器、透镜、反射镜等组成的计算机，这就

当人们还陶醉在电子计算机所带来的巨大商业利益和娱乐刺激中时，科学家们已经在设想和研发一种更为先进的计算机——光计算机。光计算机是利用纳米电浆子元件作为核心来制造的新

型计算机，通过光信号来进行信息运算。这种利用光作为载体来进行信息处理的计算机又被称为"光脑"。

计算机的功率取决于其组成部件的运行速度和排列密度，而光在这两个方面都很理想。光计算机就是将光的特性充分运用到计算机的制造上，使它具有无法比拟的各种优点。

是光计算机的雏形。随后，英国、法国、比利时、德国、意大利等国的70多名科学家研制成功了一台光计算机，其运算速度比普通的电子计算机快约1000倍。这种利用光作为载体进行信息处理的计算机被称为光计算机。

◀ 光计算机能够在极小的空间内开辟很多平行的信息通道

RENJIZHENGBA —— JISUANJI YU WANGLUO

2009 年，英国工程和自然科学研究委员会 (EPSRC) 宣布为英国女王大学和伦敦帝国理工学院提供 600 万英镑资金，以帮助其开展关于纳米电浆子元件的研究。纳米电浆子元件是光计算机领域的一项最基本的研究，其目的要发现光是怎样和纳米材料进行互相作用的。

光计算机的带宽很大。光器件允许通过的光频率高、范围大，也就是所谓的带宽非常大，因此传输和处理的信息量极大。两束光要发生干涉，就必须有相同的频率，振动方向也要一致，并且有不变的初始位相差。这就是说，光束发生干扰的可能性极小，光计算机能够在极小的空间内开辟很多平行的信息通道，从而达到惊人的密度。

光计算机的光器件没有接地电位差，因此信息传输畸变率和失真率小，信息运算速度极高。光计算机是"无"导线计算机，光在光介质中传输没有任何阻碍，信息畅通无阻，真正实现"信息高速化"。

光计算机的耗能也极低。光计算机不同于一般电子计算机，它只有激光源需要一定的能量，而在传输和转换时，能量消耗极低。这就实现了人类亘古以来的幻想："既要马儿快快跑，又要马儿不吃草"。光计算机是真正的"绿色电脑"。

光计算机的出现，将使21世纪成为人机交互的时代。光计算机的运用广泛，特别是在一些特殊领域，比如预测天气、气候等一些复杂而多变的过程，光计算机还可应用在电话的传输上。使用光波而不是电流来处理数据和信息对于计算机的发展而言具有重要意义。光计算机将为我们带来更强劲的运算能力和更高的处理速度。我们有理由相信，光计算机是未来的希望。

▼ 光在传输和转换时
的能量消耗极低

量子计算机，化身千万亿

从第一台计算机诞生到今天已有 60 多个春秋，在这 60 多年里计算机发生了翻天覆地的变化：体积变小了，体形变优美了，结构变简便了。同时人们研发出了很多种各具功能的计算机，它们各具奇能，大放异彩。下面就给大家介绍一种具有顶级计算功能的计算机——量子计算机。

量子计算机是一种具有顶级计算功能的计算机

微型、减耗计算机的代表——单片计算机。单片计算机是指将计算机的主要部件制作在一个集成芯片上的微型计算机。由于单片计算机的集

量子力学和计算机学本来是两个互不相干的学科，可现在，它们碰撞在一起，擦出了闪亮的火花，也许会从根本上改变计算机的发展，这就是量子信息学。以此为基础，我们有可能造出"量子计算机"。量子计算机最显著的功能特征就是它能高速运行量子算法和处理、计算量子信息。

量子算法的运算速度是一般算法无法比拟的，举个简单的例子，好比要在一栋大楼里找一个人，一般算法是一个房间接一个房间的地毯式搜索，而量子算法则好像"孙悟空"，变出千百个化身来，是在所有的房间里同时找。这样一来，计算机的效率大大提高了。

量子计算机的计算速度是非常惊人的，据称可达到每秒千万亿次。它的浮点运算性能和运算精确度也都是普通电脑望尘莫及的。例如，要对一个400位的数进行因式分解，普通计算机要耗费长

成度高，所以其具有能耗低、体积小、控制功能强和使用方便等优点，被广泛应用于智能仪器仪表的制造、家用智能电器的制造、网络通讯设备的使用和医疗卫生行业等。

▼ 世界上第一台商业量子计算机

量子计算机的提出

量子计算机，最早由理查德·费曼提出，一开始是从物理现象的模拟而来的。1994年彼得·秀尔提出了量子质因子分解算法。这种能对现在通行于银行及网络等处的RSA加密算法进行破解，一时间量子计算机成了热门话题。除了理论之外，也有不少学者着力于利用各种量子系统来实现量子计算机的研制。

达数百年的时间，而量子计算机则只需要短短的几分钟。

量子计算机还具有葛洛沃搜索、破译密码的功能，在量子计算机面前，现在电脑网络上的所有保密系统都将形同虚设。同时，量子计算机还提供了另一种保密通讯的方式。科学家在利用EPR对进行量子通讯的实验中发现，只有拥有EPR对的双方才可能完成量子信息的传递，任何第三方的窃听都不可能获得完全的量子信息，正所谓"解铃还需系铃人"，通过这种技术实现的量子通讯才是真正不会被破解的保密通讯。

目前，世界上唯一一台量子计算机原型仍在微软的硅谷老家中，而且尚在试验阶段，离投入使用还会有一段时间。量子计算机大概不可能让普通人家用来玩游戏，这就好比拿火箭炮打蚊子一样的荒唐。量子计算机主要的用途是像测量星体精确坐标、快速计算不规则立体图形体积、精确控制机器人或人工智能等需要大规模、高精度的高速浮点运算的工作。不过，在运行这一系列高难度运算的背后还存在着很多亟待科学家们解决的问题，如可怕的高能量消耗、相对的使用寿命和恐怖的散热等。

假设1吨铀-235通过核发电机一天能提供7000万瓦伏电量，如此巨大的电量在短短的10天就会被量子计算机消耗殆尽，这还只是最保守的估计；如果一台量子计算机一天工作4小时左右，那么它的寿命将只有可怜的短短2年，如果每天工作6小时以上，恐怕连一年都不行，这也是最保守的估计。另外，量子计算机散热量很大，一般的风冷对它无济于事，它恐怕只能把家安在"冰窖"里了。

高能短命的量子计算机离我们的生活还将有一段漫长的距离，但这确实不再是梦想！

▼ 量子计算机处理器

人机交互，天人合一

用激光在空中打出琴弦的线条，音乐家用手轻轻触摸这些空中的光线，随之便流淌出天籁的音符。这种虚拟音乐大有流行之势。漂浮的乐器，是怎么做到的呢？

鼠标是影响当代计算机使用的最重要成果

动作感应游戏，又称体感游戏，是人机交互的代表之一。以往，人们玩游戏时，在手柄上狂按一通，常常手指发麻。现在用一个光学感应器就全盘解决了，这个感应器可以感应人们在面前的活动，并且识别他想做什么，这样一来，屏幕上的化身或跳或跑，做出相应

人爱"偷懒"。从计算机诞生那天起，人们就一直琢磨着怎样和电脑对话最方便，即"人机交互"。1963年，道格拉斯·恩格尔巴特在美国的斯坦福研究所发明了鼠标，他预言鼠标将比其他输入设备都便于人机交互。10年后，鼠标经过不断改进，成为影响当代计算机使用的最重要成果。毫不夸张地讲，鼠标改变了人类的行为方式，几乎人手一只。甚至医学上还出现了一种因鼠标而命名的病症——鼠标病。

紧接着是让人眼花缭乱的演化过程：鼠标、手写板、触摸板，直到今天，人们愉快地用手指在手机屏幕

上摸来摸去，年轻人在体感游戏机前蹦来蹦去。世界真的变了！

这些都还简单，人机交互技术还可以更上一层楼。我们手指的一个微小动作、声波在空气中的震动、眼珠和舌头的转动、肌肉传导的兴奋，都可以成为信息传导的过程，而人的交互对象也将不只是计算机，还包括我们周围的整个环境。人机交互的最终目标是实现自然用户界面，人类和计算机像朋友一样交流互动，这些美好的构想都在许多好莱坞大片和各种电子游戏中展现过。

微软亚洲研究中心于2010年在中国展示了人机交互上的多项新成果，比如使用计算控制界面演奏的

的动作。难怪体感游戏上市后，立即受到游戏迷们的热捧。

▼ 用手指代替键盘与鼠标

人机交互的极致境界，是人们不再需要和电脑的实体打交道，完全随心所欲地来调用信息。比如，菜谱存在于计算机里，当你做菜做到兴高采烈，却忘了下一个步骤的时候，难道要用油乎乎的双手去敲击键盘吗？不，你可以用手指在空中画几个符号，电脑就会用富有磁性的声音回答你的问题了。人机交互把人脑和电脑无缝地连接起来，完全符合人的生活习惯，这是一种技术发展到极致后的返璞归真，重现了人类理想的安宁生活。

"吉他英雄"游戏，还有用手指运动控制轮椅的方向和动力等成果。人们预计，很快普通人就可以在家里虚拟弹琴，甚至指挥整个乐队。

人机交互的未来可能有两大重要改变。

其一是电脑、手机输入资料的方式，将从以往主要通过键盘和鼠标输入，转变成除了传统方法以外，伴随用手势、触控、感应灯等输入机制辅助。这其实很重要，人们每天浪费在打字、选词、找菜单方面的时间太多了。

其二，将电脑从现在被动地听从指令行事，转变成电脑依据预设标准代替我们的行动。这比简单的输入信息要难得多，因为电脑必须学会一些逻辑思维，而这些正是电脑的弱项。要达到这个新境界，电脑从软件到硬件都要更上几层楼才行。

我们的未来，真的可以"一切自由掌控"了。

具有强烈真实感的体感游戏